KB144141

Second Edition

동남아 요리 전문서, 조리능력 향상의 길잡이

Southeast Asian Cuisine

동남아 음식

한혜영 · 성기협 · 이가은 공저

(주)백산출판사

머리말

과학기술의 발달은 사회 변동을 촉진하고 그 결과 사회는 점점 빠르게 변화되고 있다. 사회가 발달하고 경제상황이 좋아짐에 따라 식생활문화는 풍요로워졌고, 음식문화에 대한 인식변화를 가져오게 되었다.

음식은 단순한 영양섭취 목적보다는 건강을 지키고, 오감을 만족시켜 행복지수를 높이며, 음식커뮤니케이션의 기능과 함께 오락기능을 더하고 있다.

이에 전문 조리사는 다양한 직업으로 분업화 · 세분화되어 활동하게 되는데, 그 인기도는 조리 전문 방송 프로그램이 많아진 것을 보면 쉽게 알 수 있다. 한식, 양식, 중식, 일식, 복어, 제과, 제빵, 커피 등에 대한 직무와 함께 동남아 음식의 인기도 상승하였으며, 많은 식당들이 문을 열어 쌀국수 등은 어디서든 쉽게 접할 수 있게 되었다.

삶의 질 향상과 라이프스타일의 변화 등에 따라 가까운 동남아 등의 외국여행을 더 자주 하게 되고, 좋은 추억과 함께 먹어본 음식에 대한 향수를 자극하고 방송프로그램의 여행과 음식에 대한 소개도 외식문화의 다양성을 만들어내는 주요 원인이 되고 있다.

우리나라의 김치가 각 지역마다 또는 집집마다 맛이 조금씩 다르듯 동남아 음식도 같은 요리명이지만 지역에 따라 향신료와 재료의 사용이 조금씩 다른 것을 볼 수 있었으며 그 지역에서 많이 재배되는 식재료를 대부분 사용한다는 것을 알 수 있었다. 음식은 그 지역의 선물과도 같은 식재료와 연관이 있으며, 교통 · 문화의 발달에 따라 이동하는 것을 알 수 있었다.

이 책은 음식을 좋아하는 많은 사람들이 동남아 요리를 시작하는 데 도움이 될 전문서가 될 것으로 생각하며 조리능력 향상에 길잡이가 될 것으로 믿는다.

조리학문 발전을 위해 노력하신 많은 선배님들께 감사드리며, 늘 배려를 아끼지 않으시는 백산출판사 사장님 이하 직원분들께 머리 숙여 깊은 감사를 드린다.

조리인이여~

넓은 세상을 보고 많은 꿈을 꾸며, 희망을 가지고 남다른 노력을 하라. 그러면 소망과 꿈은 이루어지리라.

대표저자 한혜영

CONTENTS

Southeast Asian

동남아시아 지도

MYANMAR
LAOS
Hanoi
Vietniane
Rangoon
THAILAND
Bangkok
VIETNAM
CAMBODIA
Manila
PHILIPPINES
Phnom Penh
Ho Chi Minh City
BRUNEI
Medan
MALAYSIA
Singapore
SINGAPORE
INDONESIA
Jakarta
Makassar
Dili

동남아시아는 태국, 베트남, 라오스, 말레이시아, 싱가포르, 인도네시아, 필리핀 등이 있다. 이 나라들은 종교, 풍습, 습관, 언어 등 문화적으로 많이 복잡하게 구성되어 있지만 중국과 인도의 영향을 많이 받았다. 음식문화는 나라 간의 접촉을 통해 많은 외래문화적 요소들이 도입되어 사회적, 정치적, 경제적 문화에 의해 발전된다.

주식은 주로 쌀이며 고기보다는 생선, 해산물, 생선발효식품을 많이 먹으며 매운맛을 낼 때는 고추와 후추를 많이 사용하고, 단맛을 낼 때는 코코넛밀크를 주로 사용한다.

고추의 매운맛

고추의 캡사이신 함량에 따라 점수를 매겨 매운맛을 측정하는 것을 스코빌 등급이라고 하며, 스코빌은 고추의 캡사이신을 알코올로 추출하여 설탕물을 희석해 맛을 보아서 캡사이신 함량을 계산한다. 하지만 오늘날에는 기기를 사용하여 캡사이신 함량을 측정하게 되었다. 타바스코 고추는 15만 스코빌, 멕시코의 사비나 하바네로(savina habanero)가 20-30만 스코빌, 인도의 동북부에서 발견된 나가 졸로키아(naga jolokia)는 약 50만 스코빌로 세계에서 가장 매운 고추라 해도 과언이 아니다. 우리나라 고추는 1만 스코빌 정도이다.

참고로 1g의 캡사이신은 4천 갤런(1갤런은 약 4.5L)의 설탕물로 희석해야 매운맛을 못 느낀다고 하니 매운맛이 대단하다. (향신료, 이영미 지음, 김영사)

THAILAND

태국의 주요 음식

얌(yam)

일상 식생활에서 즐겨 먹는 생채로 얌을 수프에 넣은 것을 톰얌, 소고기를 얌으로 무친 샐러드를 얌누아(yam nua), 얌을 당면으로 무친 것은 얌운센, 오징어를 넣은 것은 얌플라 무크(yam pla muk)이다. 얌은 섞는다는 뜻으로 맵고 신 샐러드이다.

똠얌(tom yam)

새우, 생선, 닭 등에 각종 향신료를 넣고 5-6시간 걸쭉하게 끓인 수프이다. 주재료로 무엇을 넣느냐에 따라 똠얌꿍(새우수프), 똠얌까(닭수프), 똠얌뿌(흰살생선수프)가 된다.

태국에서 가장 인기 있는 수프로 중국의 상어 지느러미 수프, 프랑스의 부야베스(생선수프)와 함께 세계 3대 수프에 속한다.

- 똠은 끓이다를 뜻하며 얌은 섞는다라는 뜻으로 맵고 신 국물음식이다.
- 똠얌까이 - 닭고기를 넣어 만든다.
- 똠얌쁠라 - 생선을 넣어 만든다. 지역에 따라 민물고기나 바닷물고기로 끓이며 살이 단단하여 잘 부스러지지 않는 생선을 사용한다.
- 똠얌카무 - 족발을 넣어 만든다.
- 똠얌탈레 - 새우, 오징어, 조개, 생선 등의 해산물을 넣어 만든다.

※ 국물에 따라 똠얌사이, 똠얌남콘, 똠얌카티로 나뉘는데 똠얌사이는 맑은 국물이며 무당 연유가 들어가면 똠얌남콘, 코코넛밀크가 들어가면 똠얌카티라고 한다.

솜땀(som tam)

덜 익은 파파야를 채썰어 마른 새우, 고추, 땅콩가루 등을 절구에 넣어 찧은 뒤 넣어서 만든 샐러드이다. '땀'과 '얌'은 샐러드를 뜻하며, 솜땀은 매콤한 샐러드이다. 짭짤한 남플라(피시소스)를 섞어 무치며 찰밥과 잘 어울린다. 본래 라오스와 라오스 접경지역인 태국 동북부 이산(Isan) 지역의 요리였으나 라마 2세(Rama II, 1766~1824)의 재위기간(1809~1824) 중에 태국 전역으로 퍼져나간 것으로 추정된다.

신맛이 나는 라임을 비롯한 각종 재료를 찧어서 만드는 솜땀의 명칭은 태국어로 "신맛이 나는 것"이라는 뜻을 가진 솜(som)과 "빻다"라는 뜻을 가진 땀(tam)이 결합된 것이다.

라오스에서는 그린파파야를 주재료로 만든 샐러드를 탐솜(tamsom)이라 부르는데, 솜땀과 글자의 순서만 바뀐 것으로 탐솜이라는 명칭 역시 "새콤한 재료를 찧어 만든 것"이라는 뜻이다. 탐막훙(tammaakhoong)은 라오스인들이 탐솜을 부르는 다른 명칭으로 막훙이 "파파야"라는 뜻이므로 탐막훙은 "빻은 파파야"라는 의미이다.(네이버 지식백과)

남(naem)

돼지고기, 밥, 마늘, 고추, 소금을 잘 배합하여 소시지 크기의 모양으로 만들고 바나나잎에 싼 후 어두운 곳에서 발효시킨 음식이다. 소고기를 사용하면 찐쏨이라 한다.

카오팟(볶음밥)

둥근 솥에 새우, 오징어, 닭고기, 돼지고기, 달걀 등과 여러 가지 채소를 넣고 볶으며 남플라(피시소스)로 맛을 낸다. 태국음식 중에서 가장 무난하게 맛볼 수 있는 메뉴이다. 카오는 쌀을 의미하고 팟은 볶는다는 뜻이다.

쌀국수

태국에서는 쌀국수로 팟타이(볶은 국수)를 해서 먹는데 새우, 숙주, 부추를 많이 넣고 볶아서 만들고, 가느다란 쌀국수에 가물치와 채소를 넣고 젓갈과 향신료, 코코넛밀크로 만든 카놈찜남야는 잔치 때 먹는 국수이다.

사테(Sate)

인도네시아에서 유래된 음식이지만 태국에서도 인기 있는 음식 중 하나이다. 돼지고기나 닭고기 등의 꼬치구이를 말한다.

커리(curry)

커리는 해산물, 육류, 채소 등을 넣어 만들고 재료나 향신료는 만드는 사람에 따라 다른 맛이 난다.

VIETNAM

베트남의 주요 음식

베트남은 베트남인과 55개의 소수민족으로 구성되어 있어 다양한 음식문화가 존재하며 역사적으로 1000년 정도 중국의 통치를 받았고 독립한 후 다시 19세기 말에는 100년간 프랑스의 지배를 받았기 때문에 음식문화에 영향을 많이 받았다.

퍼(pho, 쌀국수)

소뼈를 우려낸 국물에 소고기를 넣은 퍼보(pho bo), 닭 삶은 국물에 닭고기를 넣은 퍼가(pho ga) 등이 있다.

고이쿠온(goi cuon)

라이스페퍼에 닭고기, 부추, 향채, 소고기, 새우 등을 말아서 소스에 찍어먹는 요리이다.

라우제(laude, 전골요리)

궁중전골요리로 양고기에 감초, 계피, 대추, 인삼, 육두구 등의 한약재를 넣고 푹 고아 육수를 만들고 그 육수에 상추, 미나리, 쑥갓, 청경채, 버섯, 숙주 등의 채소를 즉석에서 넣어 데친 뒤 라이스페이퍼에 싸서 소스를 곁들인다.

짜조(cha gio, 튀김만두)

고기, 버섯, 당면, 채소 등을 라이스페이퍼에 싸서 기름에 튀긴 다음 피시소스(느억맘)에 찍어 먹으며 칠리소스를 곁들여 먹기도 한다.

반쎄오(Banh Xeo)

쌀가루 반죽에 각종 채소, 고기, 해산물 등의 속재료를 얹고 반달모양으로 접어 부쳐낸 음식이다.

INDONESIA

인도네시아의 주요 음식

나시우둑(nasi uduk)

코코넛밀크를 넣어 지은 밥이며 반찬과 삼발을 곁들여 먹는데 달걀, 닭튀김, 멸치볶음 등이 반찬이다.

나시고렝(nasi goreng)

인도네시아식 볶음밥으로 새우 페이스트, 토마토케첩, 간장, 삼발 등 다양한 소스가 들어가는 볶음밥이다.

부부르 아얌(bubur ayam)

부부르는 죽, 아얌은 닭을 의미한다. 담백하고 따뜻한 닭죽이다. 맛이 순하며 닭뼈를 제거하고 닭살로 조리하기 때문에 간편하게 먹을 수 있어 아침식사 메뉴, 환자식으로 선호한다.

삼발(sambal)

고추와 후추 종류를 맷돌에 갈아 양파, 민트, 마늘, 젓갈, 식초, 소금 등을 넣고 만들어 매운 맛이 나는 음식이다. 고기요리, 볶음밥, 꼬치 등에 양념으로 사용되며 소스로 곁들여 찍어 먹는다.

아얌 고렝(ayam goreng)과 이칸 고렝(ikan goreng)

소금으로 간을 한 닭튀김과 생선튀김 요리이다.

가도가도(gado gado)

숙주, 양배추, 줄기콩 등의 채소를 데친 후 땅콩소스를 뿌려 먹는 샐러드이다. 가도가도 시람은 가도가도 수라바야(gado-gadosurabaya)라고도 한다. 가도가도는 값싸고 구하기 쉬운 채소로 만들 수 있을 뿐 아니라 비타민, 미네랄, 단백질이 풍부하다는 점에서 선호도가 높다.

말레이시아의 주요 음식

나시 다강(nasi dagang)

야자과즙과 소금, 샬롯, 호로파씨, 생강을 섞어 밥을 지어 커리, 참치, 오이, 파인애플 샐러드를 곁들인다.

로띠 니우르(Roti nyiur)

야자 속을 밀가루와 반죽하여 팬에 마가린을 둘러 부쳐낸 후 커리나 설탕을 찍어 먹는 음식이다.

사테(Sate)

산양, 닭고기, 소고기를 향신료 등의 믹스소스에 재워두었다가 꼬치에 꿰어 불에 굽는다. 피넛소스(땅콩소스)를 바르고 오이, 양파 슬라이스를 곁들인다.

PHILIPPINES

필리핀의 주요 음식

아도보(adobo)

닭고기, 돼지고기, 오징어, 채소 등을 식초, 후추, 마늘, 소금으로 양념하여 익힌 필리핀의 대표 요리이다.

아도봉 푸싯(adobong pusit)

오징어 요리로 먹물까지 이용하며 코코넛, 우유, 식초, 마늘 등으로 양념한다.

룸피아(lumpia)

얇은 밀전병 속에 고기와 채소를 채워서 튀겨 먹는 음식으로 만두와 비슷한 음식이다.

시니강(sinigang)

생선이나 돼지고기를 넣어 끓인 채소수프로 밥과 함께 먹는다.

(박금순 외, 세계의 음식문화, 효일)

쌀국수는 태국과 베트남의 대표요리 중 하나이며 볶거나 고기 국물에 말아 먹는데, 소화가 잘되고 칼로리도 낮아 건강 음식으로 인기 있다.

소고기나 닭고기를 푹 고아 우려낸 국물에 얇게 썬 고기, 칠리, 숙주, 양파, 고수(코리앤더) 등을 넣어 먹는 쌀국수는 담백한 국물맛과 독특한 채소 향 등이 일품이다.

먹는 방법은 오른손에 젓가락을 들고 왼손에 숟가락을 들어 젓가락으로 면을 들어올려 숟가락에 올려 국물과 함께 먹는 것이 일반적이다.

여러 가지 채소와 볶아 먹어도 좋으며 라이스페이퍼(월남쌈)에 국수, 채소, 고기나 해물 등을 말아먹는 고이쿠온(스프링롤)도 영양적으로 조화를 이룬 요리이며 한끼 식사로도 충분하다.

베트남 쌀국수의 본거지는 하노이로 알려져 있으며 50년대 이후 사회주의와 민주주의로 분단될 때 자유를 찾아 남쪽으로 내려온 하노이 주민들이 사이공에서 생계 수단의 하나로 쌀국수를 만들어 팔기 시작했고 프랑스군이 하노이를 점령할 당시 소고기의 요리법을 알게 되어 소고기를 먹기 시작하였다. 그전에는 종교적인 영향으로 닭과 돼지고기를 즐겨 먹었지만 프랑스군이 철수한 후에도 소고기 요리에 쌀국수를 함께 먹기 시작하면서 하노이 지역을 중심으로 쌀국수 요리가 발달하게 되었다.

퍼는 식당뿐만 아니라 길거리에서도 볼 수 있는 음식으로 노점상들이 이른 새벽부터 주로 아침식사로 판매하며 더운 오후에는 뜨거운 국물요리를 잘 먹지 않는 식습관이 있지만, 하루 종일 노점에서 식사 또는 간식으로 판매하는 것을 볼 수 있다. 유명한 식당이나 노점에서는 오전에 판매가 마감되기도 한다.

'퍼(Phở)'는 사전적인 의미로 '쌀국수' 그 자체를 뜻한다.

'퍼보(Phở bò)'는 주로 소고기로 만들고, '퍼가(Phở gà)'는 주로 닭고기로 만든다.

고기 완자를 넣은 '퍼보비엔(Phở bòviên)' 등을 비롯해 종류가 다양하며, 기존의 전통적인 조리법이나 고명을 변형한 형태의 퍼가 새로이 선보여지고 있다.

안남미 安南米, 인디카 쌀

베트남에서는 쌀을 껌(com)이라 부르며 안남미밥을 껌짱(Com Trang)이라 부른다.
우리나라 쌀에 비해 찰기가 없는 것이 특징이다.
벼를 계통에 따라 분류하면 크게 한국과 일본에서 주로 먹는 쌀인 자포니카종과 인도·베트남·태국 등에서 주로 먹는 쌀인 인디카종, 이탈리아·인도네시아 지역 등에서 재배되는 자바니카종으로 분류할 수 있다.

- 자포니카종은 거의 원형에 가깝게 동글동글하다. 밥을 지으면 찰기와 윤기가 있다.
- 인디카종은 가늘고 긴 형태로 세계 쌀 생산량의 약 80%를 차지한다. 밥을 지으면 찰기와 윤기가 없고, 밥알이 푸슬푸슬 날린다. 그릇을 한 손으로 들고 긴 나무젓가락을 사용해 마시는 듯한 방법으로 먹거나 볶음밥이나 커리 같은 요리에 적합하다.
- 자바니카종은 위 두 쌀의 중간형태이다.

(송태희 외(2011), 『이해하기 쉬운 조리과학』, 교문사)

재료

안남미 2컵(320g)
물 3컵

만드는 법

1 쌀을 깨끗이 씻어 체에 밭쳐 물기를 빼고 냄비에 분량의 물을 넣고 30분 불린다.

2 센 불에 냄비를 올려 끓기 시작하면 중불로 낮춰 10분간 끓이고 아주 약한 불에 5분간 뜸을 들인다.

안남미밥은 여러 가지 색상과 찰기가 있는 쌀까지 종류가 다양하다.

Thai Chicken Stock 타이 치킨스톡(태국식 닭육수)

재료

닭뼈 2kg 또는 닭 1/2마리
찬물 5.5L
다진 양파 250g
다진 셀러리 125g
코리앤더씨 1큰술
통후추 1큰술

만드는 법

1 닭뼈나 닭은 찬물에 담가 핏물을 제거한다.
2 냄비에 물 5.5L와 모든 재료를 넣고 3시간 동안 센 불에서 끓이다가 약불로 끓인다.
3 2L 정도로 졸여졌으면 체에 걸러 사용한다.

Note
얼려서 냉동하면 3개월간 사용가능하다.

아궁이의 모양은 우리나라와 다르지만 장작을 이용해서 요리하는 모습은 정겹게 느껴지며 우리 선조들의 식생활을 생각나게 한다.

Thai Pork Stock 태국식 돼지고기 육수

재료

돼지뼈 500g
돼지뼈에서 제거된 살(trimmings) 500g
찬물 5L
계피(조각) 15g
팔각 1개
화이트 카다몬 3개
코리앤더 뿌리 20g
마늘(껍질째 4등분으로 잘라서) 30g
흰 통후추 1큰술
셀러리 25g
시즈닝 소스 60mL
진간장 2큰술
국간장 1큰술
설탕 2큰술
천일염 1큰술
타이 위스키 1큰술
선지 60mL

만드는 법

1 돼지뼈와 돼지뼈에서 제거된 살은 찬물에 깨끗하게 씻어 냄비에 물 5L와 넣고 중간중간 거품을 거둬내며 맑게 끓인다.
2 계피, 팔각, 카다몬은 기름 두르지 않은 팬에 향이 나도록 볶는다.
3 계피, 팔각, 카다몬, 코리앤더 뿌리, 마늘, 후추, 셀러리를 베보자기에 넣어 끓이던 육수에 넣는다.
4 시즈닝소스, 간장, 설탕, 천일염, 위스키를 넣고 불을 줄여 1시간 30분 정도 끓인다.
5 선지를 넣고 뜨거운 상태를 유지하며 육수를 사용한다.

고기는 좌판대에 부위별로 구분하여 판매하는데 이런 모습은 태국, 라오스, 말레이시아, 몽골, 베트남 등에서 흔하게 볼 수 있다.

동남아 음식은 절구를 이용해 재료를 빻으면서 시작된다.

아보카도(avocado)

베트남의 아보카도는 종류가 다양하며 맛도 종류에 따라 조금씩 다르게 느껴진다. 지방과 단백질 함유량이 높고, 티아민, 리보플라빈, 비타민 A 등이 함유되어 있어 가장 영양가가 높은 과일로 무게는 240~1,000g 정도로 중간 것에서 큰 것까지 볼 수 있으며, 아보카도 과육에 아이스크림을 넣고 갈아서 먹으면 부드럽고 고소함이 가득한 디저트로 먹기에 좋다.

라이스페이퍼 피자

라이스페이퍼 피자는 숯불에 은근하게 구워 익히는 방법으로 라이스페이퍼에 달걀물을 발라서 라이스페이퍼가 촉촉하니 익어가도록 하고 그 위에 여러 가지 채소와 익힌 고기류나 햄류, 마요네즈, 매운 소스 등을 곁들여 먹는 길거리 음식이다.

커피

커피는 동남아에서도 다양한 방법으로 음료로 마시고 있다.

두리안

코코넛

코코넛 풀빵

Red Curry Paste(Kreung Kaeng Daeng)
레드커리 페이스트

재료

베트남 건고추 5개(15분 물에 담가 불린 후 물기 제거)
코리앤더 뿌리 1뿌리
라임 제스트 1/2큰술
생강 5g(얇게 편썰기)
레몬그라스 1½큰술(얇게 슬라이스)
깐 마늘 35g
샬롯 35g
소금 1/2작은술
커민씨 파우더 1작은술
코리앤더씨 파우더 1/2작은술
후춧가루 1/2작은술
쉬림프 페이스트 1/2작은술

만드는 법

전통적인 방법 : 절구에 모든 재료를 넣고 곱게 다진다.
현대적인 방법 : 모든 재료를 믹서에 넣고 갈아서 사용한다.
(잘 안 갈리면 코코넛밀크를 넣고 간다.)

Note
밀폐용기에 담아 냉장고 2주 보관 / 냉동고 한 달 보관
오래 보관하고 싶으면 소금을 조금 더 넣는다.

Massaman Curry Paste(Kreung Kaeng Massaman)

마싸만 커리 페이스트

재료

베트남 건고추 3개(15분간 물에 담가 불린 후 물기 제거)
팔각 2개, 정향 3개
계피 2cm 정도
통후추 1큰술
커민씨 1/2작은술
깐 마늘 3쪽(얇게 슬라이스)
샬롯 5조각(얇게 슬라이스)
레몬그라스 1줄기(얇게 슬라이스)
갈랑갈 0.8cm
식용유 4큰술
소금 1 작은술
쉬림프 페이스트 1/2큰술
코리앤더 파우더 1/4작은술

만드는 법

1 웍을 중불로 달군 후 마른 팬에 팔각, 정향, 계피, 흑후추, 커민씨를 볶는다. 향이 올라오면 절구에 넣고 빻는다. 따로 빼놓는다.

2 웍을 중불로 달군 후 마늘, 샬롯, 레몬그라스를 넣고 향이 올라오면 황갈색이 나도록 볶아준다. 절구에 넣고 빻는다. 여기에 불린 베트남 건고추와 ①의 가루를 섞어 빻고 소금과 쉬림프 페이스트, 코리앤더 파우더를 넣고 페이스트가 되도록 부드럽게 찧는다.

3 웍을 중불로 달군 후 오일을 두르고 ②의 페이스트를 볶는다.

Note
밀폐용기에 담아 냉장고 3~4일 보관

Thai Roasted Chilli Paste(Naam Prik Phaow)

타이칠리(태국식 고추) 페이스트

재료

베트남 건고추 15개(10g)
식용유 250mL
샬롯 250g(얇게 채썰기)
건새우 다진 것 1큰술

양념

팜슈가 2큰술
피시소스 1½큰술
타마린드 주스 3큰술

만드는 법

1 베트남 건고추를 잘라 씨를 제거한 후 물에 불린다.
2 웍을 중불로 달군 후 식용유를 두르고 마늘이 황금갈색이 될 때까지 볶아 접시에 덜어 놓는다. 샬롯도 갈색이 되도록 볶는다.
3 믹서나 절구에 볶은 마늘과 샬롯, 불려놓은 고추를 넣고 페이스트 상태가 되도록 한다.
4 웍을 중불로 달군 후 식용유를 두르고 ③의 페이스트를 넣고 3분간 볶는다. 식힌 후 다진 건새우와 양념을 넣고 2분간 볶은 뒤 식힌다.

Note

밀폐용기에 담아 냉장고 2주 보관 / 냉동고 한 달 보관
오래 보관하고 싶으면 소금을 조금 더 넣는다.

Chilli Sauce(Sauce Prik)

태국식 고추소스

재료

베트남고추 1개
다진 마늘 30g
식초(화이트 비니거 또는 쌀식초) 1/2컵
소금 1작은술
설탕 1큰술
피시소스 1큰술
코리앤더 뿌리 1뿌리(다지기)

만드는 법

1 절구에 마늘과 코리앤더 뿌리를 넣고 잘 찧어 페이스트를 만든다.

2 소스팬을 중불로 달군 후 식초, 설탕, 소금을 넣고 잘 섞이도록 저어준다. 페이스트를 추가하여 향이 올라오도록 볶아준다.

3 피시소스를 추가하고 불을 끈다.

Note

Mah-Auan과 함께 제공한다.

Deeping Sweet Pineapple Sauce(Naam Jim Sub Pa Rod)
파인애플 디핑소스

재료

홍고추 1개(20g)
홍피망 1/2개
깐 마늘 30g
생 파인애플 80g(작게 썰기)
화이트 비니거 80g
소금 1/2작은술
설탕 80g
물 40g

만드는 법

1 끓는 물에 홍고추, 홍피망, 깐 마늘을 넣고 부드러워질 때까지 삶는다.
2 믹서기에 ①의 재료와 파인애플과 물을 넣고 잘 간다.
3 소스팬에 ②를 옮겨 담고 식초와 소금, 설탕을 넣고 약한 불에 잘 섞이도록 끓인다. 식혀서 사용한다.

Pad Thai Sauce
팟타이 소스

재료(500mL 분량)

타마린드 주스 2컵, 피시소스 1컵, 스리라차 소스 1컵, 설탕 350g

만드는 법

1 팬에 모든 재료를 넣고 중간불에 올려 가끔 저어주며 45분간 조린다.

타마린드는 열매로 간식처럼 먹거나 조미료, 약재로 쓰인다. 성숙한 열매의 과육에는 전화당이 30% 정도이고 펙틴과 그 밖의 유기산이 15% 들어 있다.
인도에서는 어린이의 완하제, 괴혈병 치료에 사용하며 카레의 조미료, 청량음료의 재료로 사용된다.
타미린드는 껍질을 손으로 누르면 바삭하게 깨지며 실처럼 엉켜 있는 줄기들을 제거하면 과육이 나오며 그 안에 씨가 들어 있다.

Tamarind Juice
타마린드 주스

재료

타마린드 과육 250g
따뜻한 물 500mL

만드는 법

1 타마린드 과육을 따뜻한 물에 불려 조물조물 주물러서 체에 내린다. 이때 씨만 걸러내어 버린다.

타마린느

말린 곶감 느낌, 당도는 낮지만 신맛이 있어 소스에 많이 사용된다.
보통 성숙한 콩섭을 채취하여 망사망에 일정한 무게로 담아 유통한다. 동남아시아, 인도, 중동, 중남미 등의 과일시장에서 손가락 정도의 두께, 5~15cm 정도의 길이로 약간 구부러진 형태, 회갈색에서 적갈색의 콩깍지를 판매하면 타마린드이다. 말린 과일이므로 수분함량은 낮고 열량은 높다. 석이섬유가 많아 배변활동에 도움이 되고 비타민과 무기질이 풍부하다.

Shrimp Chili Paste(Nam Phrik Kapi)

쉬림프 칠리 페이스트

재료

식용유 100mL
샬롯 8개(가늘게 채썰기)
마늘 6쪽(편썰기)
건새우 120g
베트남고추 2~3개(송송썰기)
팜슈가 1큰술
피시소스 3큰술
타마린드 주스 2½큰술

만드는 법

1 마늘과 샬롯은 달궈진 웍에 기름을 두르고 황금갈색으로 굽는다.

2 마늘과 샬롯을 따로 덜고 건새우와 고추를 넣고 황금갈색으로 튀기듯이 굽는다.

3 믹서에 마늘과 샬롯, 건새우와 고추, 약간의 기름, 나머지 재료를 넣고 페이스트 상태로 간다.

Note

건새우는 껍질을 제거해서 말린 것으로 작은 새우살을 말렸다는 표현이 더 정확할 수도 있다. 한국 식재료인 건새우와는 다르다.

Nuoc Cham

느억참

재료

베트남 고추 2개(씨 제거, 송송썰기)
마늘 3쪽
설탕 50g
라임주스 3큰술
피시소스 3큰술
물 125mL
소금 1/2 작은술

만드는 법

1 절구에 마늘과 고추를 넣어 페이스트 형태로 빻은 후 믹싱볼에 담고 다른 재료를 모두 넣어 설탕이 녹을 때까지 잘 섞는다.

Sweet and Sour Sauce

스위트 앤 사워소스

재료

식용유 1큰술
다진 마늘 1큰술
샬롯(슬라이스) 1큰술
다진 당근 50g
다진 피망 50g
베트남고추(다진 것) 1/2개
설탕 1큰술
소금 1/8작은술
케첩 1/2작은술
통후추(간 것) 1/2작은술
식초 2큰술
닭육수 5큰술
라임주스 1큰술
녹말물(전분 1/2큰술+물 1작은술)

만드는 법

1 기름 두른 달군 팬에 마늘을 넣고 황금갈색이 될 때까지 볶은 후 샬롯, 당근, 피망, 고추를 넣고 살짝 볶은 후 설탕, 소금, 케첩, 후추, 식초, 닭육수, 라임주스를 넣고 조린다. 불을 줄이고 녹말물을 넣어 농도를 맞춘다.

Peanut Dipping Sauce(Nuoc Leo)

땅콩 디핑소스

재료

물 125mL
해선장 60mL
타마린드 주스 1큰술
땅콩버터 120g

만드는 법

1 모든 재료를 넣고 잘 섞는다.

Sambal
삼발

재료

베트남 건고추 8~10개
베트남고추 2~4개
샬롯 6개
깐 마늘 2쪽
식용유 3큰술
타마린드 주스 2큰술
설탕 2작은술
소금 1작은술

만드는 법

1 베트남 건고추는 작게 잘라 따뜻한 물에 10~15분 정도 불려 부드럽게 만든다. 체에 밭쳐 물기를 제거한 베트남 건고추, 베트남고추, 샬롯, 마늘은 절구나 블렌더를 이용해서 곱게 간다. 이때 식용유를 조금씩 넣으면서 간다.

2 약한 불로 달궈놓은 웍에 페이스트를 넣고 5분 정도 볶은 후 타마린드 주스와 설탕, 소금을 넣고 볶는다.

Satay Sauce
사테소스

재료

식용유 1큰술
땅콩 간 것 75g
타마린드 주스 1/2큰술
물 125mL
소금 1/4작은술
설탕 1큰술

스파이스 페이스트

코리앤더씨 1큰술
커민씨 1/2큰술
레몬그라스 2줄기(두꺼운 부분만 사용, 껍질 벗겨 속부분 얇게 슬라이스)
갈랑갈 뿌리 1.5cm
베트남 건고추 4개
샬롯 2개
깐 마늘 3쪽
식용유 3큰술

만드는 법

1 절구나 블렌더에 스파이스 페이스트 재료를 모두 넣고 페이스트 상태가 되도록 갈아준다. 이때 식용유를 조금씩 넣으면서 간다.

2 센 불로 달군 소스팬에 기름을 두르고 스파이스 페이스트를 넣고 3~5분 정도 볶다 땅콩 간 것, 타마린드 주스, 물, 소금, 설탕을 넣고 약한 불에 3분 정도 볶는다.

3 따뜻한 정도로 식혀서 제공한다.

Note

코코넛밀크 375mL, 레드커리 페이스트 2큰술, 무염 · 무가당 땅콩버터 150g, 소금 $1^1/_2$작은술, 물 125mL, 화이트 비니거 2큰술, 갈색설탕 1/2~3/4컵
소스팬에 모든 재료를 넣고 중불에서 저으면서 3분 정도 끓여 부드럽게 만든다. 따뜻한 정도로 식혀서 제공한다. 이렇게 하면 쉽게 만들 수 있는 또 다른 방법이다.

MangoChutney
망고처트니

재료

망고 210g(굵게 다지기)
설탕 6큰술
화이트 비니거 3큰술
다진 양파 3큰술
다진 생강 1큰술
다진 마늘 1½작은술
칠리파우더 1/5작은술

만드는 법

1 팬에 설탕과 화이트 비니거를 섞어 끓이고 남은 재료를 모두 섞어 약한 불에 20~30분간 조려준다.

Note

망고처트니는 매운 커리의 맛을 누그러뜨리거나 밋밋한 맛의 음식에 활력을 불어넣기도 한다.
(죽기 전에 꼭 먹어야 할 세계음식재료 1001, 프랜시스 케이스, 마로니에북스, 2009)

Peanut Sauce

땅콩소스

재료

볶은 땅콩 250g
양파(小) 1개(다지기)
다진 마늘 2작은술
다진 생강 1작은술
쉬림프 페이스트 1작은술
국간장 1큰술
레몬즙 1큰술
망고처트니 6큰술
물 1컵

만드는 법

1 푸드프로세서에 모든 재료를 넣고 부드럽게 간다.

2 팬에 재료를 5분 정도 끓여 농도를 조절한다.

Sweet Chilli Sauce

스위트 칠리소스

재료

식용유 2큰술
다진 마늘 3큰술
샬롯 3개(다지기)
코리앤더(다진 것) 3큰술
베트남고추 2개(굵게 다지기)
피시소스 2큰술
팜슈가 4큰술

만드는 법

1 중불로 달군 팬에 기름을 두르고 다진 마늘, 샬롯, 코리앤더, 고추를 넣고 볶다가 향이 올라오면 나머지 재료를 넣고 약불로 줄인 후 농도가 나게 조린다.

Caramel Sauce
캐러멜소스

재료

설탕 135g
물 2큰술
피시소스 125mL
샬롯 8개(얇게 채썰기)
통후추(간 것) 1/2작은술

만드는 법

1 팬에 설탕과 물을 넣고 약한 불에 녹으면서 갈색이 나기 시작하면 피시소스를 넣고 끓인다.

2 진득한 시럽상태가 되면 샬롯과 후추를 넣고 잘 섞어준 후 불을 끈다.

공심채볶음

재료

공심채 200g(7cm 길이로 썰기)
홍고추 10g(채썰기)
굵게 다진 마늘 1큰술
물 3큰술
굴소스 2작은술
소금 약간
식용유 1큰술
고명(지리멸치 튀긴 것) 약간

만드는 법

1 둥근 팬을 달구어 식용유를 두르고 홍고추와 마늘을 볶고 공심채, 물을 넣어 볶는다.

2 굴소스와 약간의 소금을 넣어 한소끔 빠르게 볶는다.

3 그릇에 담고 멸치튀김을 고명으로 올려준다.

공심채(모닝글로리)

줄기 속이 대나무처럼 비어 있는 메꽃과 잎채소로 열대식물이다. 식용유에 마늘과 베트남고추를 볶아 마늘고추기름이 만들어지면 공심채 줄기를 넣어 볶다가 잎을 넣어 볶는데 피시소스, 굴소스만 넣어 양념해도 한끼 반찬으로 먹기에 충분하다.

바나나구이

재료

10cm 크기 바나나
마른 코코넛

만드는 법

1 바나나는 껍질을 제거하고 숯불에 노릇노릇하게 굽는다.
2 코코넛을 물에 살짝 불려 팬에 볶는다.
3 바나나에 칼집을 주어 코코넛을 넣어준다.

Kaeng Massaman Nua(Massaman Curry with Beef)
소고기 마싸만 커리

마싸만 커리는 태국 남부의 음식으로 단 향과 향신료의 다양한 맛과 향, 중간 정도의 매운맛을 가진 음식이다.

재료

식용유 2큰술
레드커리 페이스트 1작은술
마싸만 커리 페이스트 32g
코코넛밀크 250g
소고기 안심 150g(1cm×1cm×1cm)
고구마 60g(크게 혹은 1cm×1cm×1cm로 썰어 삶아 사용)
시나몬스틱 1cm
월계수잎 2장
볶은 땅콩(무염) 1큰술

양념
타마린드 주스 20g
피시소스 8g
팜슈가 30g
소금 1작은술

갈릭 페이스트
코리앤더 뿌리 1뿌리
마늘 10g
생강 5g
샬롯 15g

가니쉬
캐슈넛 1큰술
코리앤더잎 20g
코코넛크림 2큰술

만드는 법

1 마늘, 샬롯, 생강을 함께 절구에 넣고 빻는다.
2 소스팬을 중불로 달군 후 식용유를 두르고 절구에 간 것을 볶는다.
3 볶다 향이 올라오면 레드커리 페이스트와 마싸만 커리 페이스트를 넣고 잘 볶는다.
4 코코넛밀크를 3번에 나누어 조금씩 추가하며 볶아주고 진한 빨간색이 날 때까지 볶아준다.
5 고기를 넣고 삶은 고구마, 계피, 월계수잎을 추가한다. 남은 코코넛밀크, 볶은 땅콩을 넣는다.
6 양념을 추가한다. 타마린드 주스, 피시소스, 팜슈가, 소금을 추가하여 걸쭉하게 될 때까지 약한 불로 끓인다.
7 서빙 그릇에 담아 위에 볶은 캐슈넛을 얹고 코코넛밀크를 두르고 코리앤더잎으로 장식하여 제공한다.

● 레드커리 페이스트, 마싸만 커리 페이스트 만드는 방법은 pp.30, 31 참조

Note
고구마 대신 감자를 사용하기도 한다. 소고기는 닭고기나 돼지고기로 바꿔 넣어도 된다.

Paneang Curry with Beef(Paneang Nua)

소고기 파낭커리

파낭커리는 많이 맵지 않고 단맛과 신맛을 가지고 있다.

재료

식용유 2큰술
레드커리 페이스트 1큰술
볶은 커민씨 1/2작은술
볶은 코리앤더씨 1/2작은술
코리앤더 뿌리 1뿌리(송송썰기)
코코넛밀크 100mL
소고기 80g(4cm×5cm×0.5cm)
라임잎 2장(얇게 채썰기)
바질잎 10장
베트남고추 1개(송송썰기)

양념
타마린드 주스 1/2큰술
팜슈가 1큰술
피시소스 1큰술
소금 약간
땅콩버터 1큰술

가니쉬
코코넛크림 2큰술
홍고추 1개(5cm 채썰기)
바질잎 10g

만드는 법

1 소스팬을 중불로 달군 후 식용유를 두르고 레드커리 페이스트와 코리앤더 뿌리를 볶는다.

2 볶다 향이 올라오면 가루로 낸 커민씨와 코리앤더씨를 넣고 잘 저어준다.

3 소고기를 넣고 익을 때까지 끓인다.

4 약불로 줄이고 코코넛밀크를 조금씩 추가하며 2분간 볶아준다. 라임잎을 넣고 뚜껑 닫고 5분간 약하게 끓인다.

5 양념을 추가한다. 타마린드 주스, 팜슈가, 피시소스, 소금을 추가하여 걸쭉하게 될 때까지 약한 불로 끓인다.

6 땅콩버터를 넣고 녹을 때까지 잘 저으면서 끓이다가 바질잎과 고추를 넣고 불을 끈다.

7 그릇에 옮겨 담은 후 코코넛밀크, 채썬 홍고추, 바질잎으로 장식한다. 자스민 라이스와 함께 제공하면 좋다.

● 레드커리 페이스트 만드는 방법은 p.30 참조하거나 시판용 레드커리 페이스트를 사용한다.

Note
파낭커리 페이스트 만드는 다른 방법

베트남 건고추 5개, 샬롯 5개, 깐 마늘 10개, 가랑갈(슬라이스) 1작은술, 레몬그라스(얇게 슬라이스) 1작은술, 카피르 라임 껍질(곱게 다짐) 1/2큰술, 코리앤더 뿌리 1작은술, 통후추 5알, 소금 1작은술, 쉬림프 페이스트 1작은술

1. 블렌더에 재료를 모두 넣고 고운 페이스트 상태가 될 때까지 갈아준다.
2. 밀폐용기에 담아 냉장고에 3~4일 보관한다.

Sticky Rice with Mangoes(Khao Niao Mamuang)

망고를 곁들인 찹쌀밥

재료(6인분)

찹쌀 160g(불리기)
설탕 3큰술
뜨거운 물 3큰술
숙성된 망고 3개
코코넛크림 400mL

만드는 법

1 찹쌀은 하룻밤 이상 불려 딤섬틀에 쿠킹호일을 깔고 찹쌀을 펼쳐 놓는다. 물은 높이 1.5cm가 되도록 부은 후 약 30분간 찐다.
2 둥그런 몰드에 밥을 놓고 모양을 잡은 후 식힌다(자연스럽게 밥을 떠놓아도 된다).
3 설탕은 동량의 따뜻한 물에 녹여 시럽을 만든다.
4 밥을 웨지모양으로 잘라 접시에 담고 껍질 벗긴 망고 3~4조각을 곁들여낸다. 밥 위에 코코넛크림과 시럽을 뿌려낸다.

Note

찹쌀은 적어도 6시간 이상 불리고 흰 찹쌀과 검은 찹쌀을 섞어서 밥을 하면 색이 예쁘다.

Xoi Xed

베트남식 땅콩찰밥(쏘이 세오)

재료

찹쌀 500g
코코넛밀크 2큰술+설탕 1큰술
소금 1작은술
말린 땅콩 100g
볶은 땅콩분태 30g
설탕 2큰술
볶은 참깨 30g
코코넛 슬라이스 50g(취향에 따라 생략 가능)

만드는 법

1 뜨거운 물에 땅콩을 3시간 정도 불려 부드럽게 한다. 불려놓았던 물은 버리고 새로운 물을 붓고 끓여 45분 정도 부드럽게 삶는다. 체에 밭쳐 물기를 제거한다.

2 찹쌀은 깨끗이 씻어 뜨거운 물에 3시간 정도 불려 놓는다.

3 김이 오른 찜기에 찹쌀과 소금 1/4작은술을 섞어 45분간 찐다. 이때 15분에 한번씩 뒤집어주고 5분 정도 남았을 때 코코넛밀크를 부어 섞어준다.

4 설탕과 소금, 땅콩분태와 깨를 섞는다.

5 땅콩찰밥을 그릇에 담고 코코넛 슬라이스를 뿌린다.

밥을 담는 그릇(도시락)

Note

녹두찰밥

땅콩 대신 깐 녹두로 대체할 수 있다. 이때 녹두는 불려 찹쌀과 함께 찐다.

Chu Chi Plaa Taab Tim
태국식 레드커리소스를 곁들인 도미

재료

갈릭 페이스트
코리앤더 뿌리 1뿌리
마늘 10g
생강 5g
샬롯 15g
건새우 1/2큰술

식용유 1큰술
레드커리 페이스트 1큰술
코코넛밀크 70g
바질 10잎
코코넛밀크크림 1 큰술
라임잎(손으로 뜯기) 1장
홍고추(어슷썰기) 1개분
도미(흰살생선도 가능) 1마리(25~27cm 짜리)

양념
설탕 1큰술
피시소스 1큰술

가니쉬
라임잎 2장(가늘게 채썰기)
바질잎 5장

만드는 법

1 갈릭 페이스트 재료를 모두 절구에 넣고 빻는다.
2 달군 팬에 기름을 두르고 레드커리 페이스트와 갈릭 페이스트를 넣고 약 2분 정도 향이 올라오도록 볶는다.
3 코코넛밀크를 3번에 나누어 넣고 끓이고 설탕, 피시소스를 추가하여 5초 정도 볶는다.
4 잘게 채썬 라임잎과 바질잎을 반만 넣고 불을 끈다.
5 찜기에 물이 끓으면 손질된 도미를 넣고 10분간 찐다.
6 서빙접시에 생선을 옮겨 담고 커리소스를 그 위에 붓는다.
7 코코넛밀크크림을 뿌리고 잘게 채썬 라임잎과 바질잎, 홍고추를 뿌려 낸다.

● 레드커리 페이스트 만드는 방법은 p.30 참조

Spicy Prawn Salad with Thai Herbs(Plaa Koong)

태국식 허브로 만든 새우 샐러드

재료

중하 500g(껍질 제거, 등쪽 칼집내기)

페이스트
마늘 2쪽
베트남고추 5개

허브와 채소
샬롯 50g(얇게 채썰기)
라임잎 1장(얇게 채썰기)
코리앤더 3장(다지기)
레몬그라스 1줄기(얇게 썰기)
민트잎 10장

양념
피시소스 1큰술
라임주스 1큰술
팜슈가 1/2큰술
타마린드 주스 1큰술
타이칠리 페이스트(Naam Prik Phaow) 1작은술
코코넛크림 1/2큰술

가니쉬
코리앤더잎 약간씩
코코넛밀크 약간씩
라임주스 1큰술
팜슈가 1/2큰술

만드는 법

1 끓는 물에 레몬그라스 1/2을 넣고 새우를 삶아 놓는다.
2 절구에 마늘과 고추를 넣고 빻아 페이스트를 만든다.
3 믹싱볼에 양념과 페이스트를 잘 섞고 새우와 샬롯, 레몬그라스 1/2, 라임잎, 코리앤더를 넣고 가볍게 섞는다. 민트잎을 넣어준다.
4 접시에 담고 가니쉬를 곁들여 낸다.

● 타이칠리(태국식 고추) 페이스트 만드는 방법은 p.32 참조

Steamed Minced Chicken & Crab Meat(Mah-Auan)

다진 닭고기와 게살찜

재료

다진 닭고기 60g
게살 20g
달걀 1개

페이스트
코리앤더 뿌리 1뿌리
마늘 10g
흰 후춧가루 1/4작은술

양념
간장 1/2큰술
설탕 1큰술

만드는 법

1 코리앤더 뿌리, 마늘, 흰 후춧가루를 절구에 넣고 빻는다.
2 믹싱볼에 다진 닭고기, 게살과 양념을 넣어 잘 버무리고, 페이스트와 달걀을 넣고 잘 섞는다.
3 잘 섞은 ②번을 그릇에 담는다.
4 찜솥에 물이 끓으면 준비된 그릇을 넣어 찐다. 그릇의 크기에 따라 찌는 시간을 조절한다.
5 그릇을 빼내 디핑소스(Sauce Prik)를 곁들여 낸다.

Baked Glass Noodle with Prawns(Koong Ob Woon Sen)
새우를 곁들인 녹두당면찜(꿍옵운센)

재료

녹두당면 60g(물에 15분 불리기)
타이거새우 3마리
쪽파 2줄기(송송썰기)
셀러리 1줄기
다진 생강 5g
코리앤더잎 20g
닭육수 8큰술

페이스트
코리앤더 뿌리 2뿌리
깐 마늘 15g
후춧가루 1/4작은술

양념
참기름 1/2큰술
굴소스 1/2큰술
설탕 1작은술
국간장 1작은술
진간장 1/2작은술
식용유 2큰술

만드는 법

1 코리앤더 뿌리, 마늘, 후춧가루를 절구에 넣고 빻는다.

2 소스팬에 식용유를 두르고 절구에 빻은 페이스트를 넣고 볶는다. 모든 양념재료와 새우, 다진 생강을 넣고 볶아준다. 중불에서 10분 정도 볶아준 후 닭육수와 녹두당면을 넣고 당면이 익도록 잘 저어준다.

3 그릇에 음식을 담고 중국 셀러리와 쪽파를 얹어 제공한다.

Note

코리앤더 뿌리, 마늘, 후춧가루를 절구에 넣고 빻는다. 소스팬에 식용유를 두르고 절구에 빻은 페이스트를 넣고 5분 정도 볶다가 육수와 양념재료, 녹두당면을 넣고 불을 끈다. 오븐용기에 담고 위에 새우를 얹은 후 180℃로 예열한 오븐에 새우가 익도록 굽는다. 가니쉬를 얹어 낸다.

Deep-fried Paper Prawns(Goong Hom Phaa)

춘권피로 감싼 새우튀김

재료

페이스트
깐 마늘 5g
코리앤더 뿌리 1뿌리
흰 후춧가루 1/4 작은술

속재료
식용유 1큰술
다진 닭가슴살 20g
설탕 2큰술
소금 1/4작은술
순무(갈아서) 1.5큰술
다진 양파 15g
볶은 땅콩 다진 것 1.5큰술
볶은 흰깨 1/2큰술

중하새우 4마리
달걀노른자 1개분
춘권피(사각형) 4장
파인애플 디핑소스 적당량
튀김기름 적당량

만드는 법

1 코리앤더 뿌리, 마늘, 흰 후춧가루를 절구에 넣고 빻는다.
2 웍을 중불로 달군 후 식용유를 두르고 ①의 페이스트를 넣고 향이 올라오도록 볶는다. 다진 닭가슴살을 볶다가 어느 정도 익으면 양파, 순무와 땅콩을 넣고 볶는다.
3 설탕을 넣어 캐러멜라이즈시킨 후 소금과 깨를 넣고 약불에서 5분 정도 볶아 되직하게 되면 접시에 덜어 놓는다.
4 춘권피에 볶아놓은 속재료와 새우를 얹고 가장자리에 달걀노른자를 발라 말아 준다.
5 튀김기름을 180℃로 올려 골든브라운이 될 때까지 튀긴다.
6 기름종이에 올려 기름을 뺀 후 접시에 담고 파인애플 디핑소스를 곁들여 낸다.

● 파인애플 디핑소스 만드는 방법은 p.34 참조

Spicy Grilled Beef Salad(Yum Nuea Yang)

소고기 샐러드

재료

안심 80g(얇게 썰기)
오이 1개분(씨 제거, 반 갈라 어슷썰기)
토마토 155g(4등분, 씨 제거, 길이로 채 썰기)
양파 90g(얇게 채썰기)
쪽파 2줄기(송송썰기)
셀러리 100g(0.2cm 두께, 3cm 길이 어슷썰기)
코리앤더 2줄기(다지기)
민트잎 5장

드레싱

베트남고추 5개
깐 마늘 2쪽
라임주스 1½큰술
피시소스 1큰술
설탕 1작은술

가니쉬

코리앤더잎 적당량

만드는 법

1 절구에 베트남고추와 마늘을 넣고 페이스트 상태가 될 때까지 빻고 라임주스, 피시소스, 설탕을 넣고 잘 섞는다.

2 소고기 안심은 소금, 후추로 밑간한 후 달궈진 팬에 익힌다(석쇠에 익혀도 좋다).

3 소고기와 샐러드 드레싱을 가볍게 섞은 후 오이, 토마토, 양파, 셀러리, 민트잎을 섞어 가볍게 섞어준다.

4 서빙접시에 담고 코리앤더잎을 가니쉬로 얹어낸다.

Stir-fried Prawns with Yellow Curry Powder

(Goong Phan Phong Karee)

꿍 팟 뽕커리

재료

식용유 3큰술
중하 120g
달걀 1개
우유 6큰술
코코넛밀크 4큰술
셀러리 20g
양파 15g(채썰기)
쪽파 1줄기(3cm 썰기)
홍고추(씨 제거) 1/2개(송송썰기)
강황가루 1/4작은술
카레가루 1큰술

페이스트
코리앤더 뿌리 1뿌리
깐 마늘 2쪽
흑후춧가루 1/2작은술

양념
국간장 1/2큰술
굴소스 1큰술
설탕 1작은술
타이칠리 페이스트(Naam Prik Phaow) 1/2작은술

만드는 법

1. 코리앤더 뿌리, 마늘, 흑후춧가루를 절구에 넣고 빻는다.
2. 믹싱볼에 우유, 코코넛밀크, 달걀, 카레가루, 강황가루를 넣고 잘 섞는다.
3. 웍을 중불로 달군 후 식용유를 두르고 ①의 페이스트를 넣고 향이 올라오도록 볶는다. 새우를 넣고 반 정도 익힌 후 ②의 재료와 양념을 넣고 커리소스가 되도록 볶는다. 양파와 고추, 셀러리, 양파를 넣고 살짝 볶은 뒤 불을 끈다.

● 타이칠리(태국식 고추) 페이스트 만드는 방법은 p.32 참조

Stir-fried Chicken with Lemongrass and Black Pepper(Kai Tra-Krai Prik Thai Dum)

태국식 닭고기볶음

재료

닭가슴살 80g(편썰기)
식용유 2큰술
닭육수 4큰술
코리앤더 줄기 3~4줄기(0.2cm 썰기)
라임잎 1장(얇게 채썰기)

페이스트
깐 마늘 2쪽
레몬그라스 1/2줄기
코리앤더 뿌리 1뿌리
흑후춧가루 1작은술

양념
국간장 1작은술
굴소스 2작은술
설탕 1작은술
고량주 1작은술

가니쉬
튀긴 레몬그라스(레몬그라스 1/2줄기를 작게 잘라 꼭 짠 후 튀김가루를 입히고 15분 정도 둔 후 골든브라운이 될 때까지 튀겨낸다.)

만드는 법

1 코리앤더 뿌리, 마늘, 슬라이스한 레몬그라스, 흑후춧가루를 절구에 넣고 페이스트가 되도록 빻는다.
2 웍을 중불로 달군 후 식용유를 두르고 ①의 페이스트를 넣고 향이 올라오도록 볶는다. 한입 크기로 썬 닭고기를 넣고 반쯤 익히다 양념을 넣고 끓인다. 닭이 익으면 코리앤더와 라임잎을 넣고 불을 끈다.
3 서빙접시에 담고 튀긴 레몬그라스와 코리앤더잎을 뿌려 낸다.

Stewed Duck with Tamarind Sauce
(Ped Toon Nam Ma-Kham)

타마린드 소스를 곁들인 오리고기 스튜

재료

오리 가슴살 80g(껍질 붙어 있게 편썰기)
불린 표고버섯 3개(편썰기)
식용유 1큰술
타마린드 주스 2큰술
팜슈가 1½큰술
피시소스 1/2큰술
국간장 1/2큰술
진간장 1큰술
육수 1컵
팔각 1개
시나몬 스틱 4cm
꿀 1작은술
맛밤 60g
꽃빵 적당량

페이스트
코리앤더 뿌리 4뿌리
깐 마늘 3쪽
흰 후춧가루 1작은술

만드는 법

1 코리앤더 뿌리, 마늘, 흰 후춧가루를 절구에 넣고 페이스트가 되도록 빻는다.
2 웍을 중불로 달군 후 식용유를 두르고 ①의 페이스트를 넣고 향이 올라오도록 볶는다. 육수와 팔각, 시나몬 스틱, 피시소스, 타마린드 주스, 국간장, 진간장과 팜슈가, 꿀을 넣고 오리고기와 맛밤을 넣는다.
3 약한 불로 20~25분간 걸쭉해지도록 끓인다. 끓이면서 기름은 제거한다. 불을 끄고 꽃빵과 함께 제공한다.

● 타마린드 주스 만드는 방법은 p.36 참조

Classic Chilli Crab

칠리크랩

싱가포르의 대표적인 해물요리로 칠리크랩소스에 빵을 찍어 먹거나 밥을 비벼먹기도 한다.

만드는 법

1 감자전분에 물 250mL를 넣고 잘 섞어 전분물을 만든다.
2 식초와 설탕, 소금을 물 250mL에 섞어 준비한다.
3 스파이스 페이스트 재료를 모두 블렌더에 넣고 간다.
4 웍을 중불로 달군 후 식용유를 두르고 ③의 페이스트를 넣고 향이 올라오도록 볶는다. ②의 섞어놓은 물을 넣고 잘 저어준 후 게를 넣고 게가 빨갛게 되도록 익힌다.
5 전분물을 부어 잘 섞은 후 깨어놓은 달걀을 넣어 섞어가며 익힌다.
6 서빙접시를 따뜻하게 데워 칠리크랩을 담아 제공한다.

재료(4인분)

전분물
감자전분 2큰술+물 250mL

현미식초 4큰술
설탕 1½큰술
소금 1작은술
물 250mL
식용유 4큰술
게 1kg(게 뚜껑은 떼고 반으로 가르기)
달걀 1개

스파이스 페이스트
홍고추 작은 것 6개
생강 20g(편썰기)
깐 마늘 1쪽(편썰기)
물 2큰술

Green Chicken Curry(Kaeng Khiao Wan Kai)

그린 치킨커리

그린커리는 친숙하고 전통적인 음식으로 너무 맵지 않고 코코넛밀크로 인해 부드러운 맛이 난다. 깽(Kaeng)은 카레, 완(Wan)은 달콤함을 뜻한다. 연한 초록색이 도는 것이 특징이다. 닭고기 대신 소고기, 새우, 두부를 넣어도 좋다.

재료(6인분)

코리앤더 파우더 1작은술
통후추 1작은술
청고추 3개(씨와 함께 다지기)
깐 생강 5g
코리앤더(잎, 줄기, 뿌리) 3큰술
깐 마늘 45g
다진 쪽파 3큰술
레몬그라스 뿌리 1개(다지기)
식용유 2큰술
코코넛크림 400mL
라임잎 4장
닭고기살 850g(사방 2cm 썰기)
바질잎 10g
피시소스 1큰술

만드는 법

1. 코리앤더 파우더와 통후추, 고추, 생강, 마늘, 쪽파와 레몬그라스, 코리앤더를 절구에 넣고 페이스트상태가 되도록 빻는다.
2. 웍을 중불로 달군 후 식용유를 두르고 ①의 페이스트를 넣고 향이 올라오도록 3~4분간 볶는다. 코코넛크림을 조금씩 나눠 넣고 라임잎을 넣고 약한 불에 10분 정도 끓인다.
3. ②의 소스에 닭고기를 넣고 물 1컵을 넣고 닭고기가 부드러워지도록 20분 정도 끓이고 피시소스 1큰술을 넣어 한소끔 끓인다.
4. 바질잎을 뿌리고 불을 끈다.
5. 서빙접시에 흰 밥을 담고 치킨커리를 얹어 낸다.

Note

닭고기를 넣기 전에 코코넛밀크를 넣고 끓여야 고기가 부드럽고 잡내가 나지 않는다.
취향에 따라 가지를 넣기도 한다.
청고추 대신 베트남 건고추를 사용하면 치킨 레드커리(Kaeng Phet Kai)가 된다.

Pad Thai

팟타이

태국의 유명한 음식으로 태국에 방문하는 사람은 한번쯤 꼭 먹어보는 음식이다.

재료

쌀국수 100g(팟타이용)
샬롯 30g(얇게 썰기)
다진 마늘 2큰술
건새우 40g
달걀 1개
새우살 80g
숙주 70g
실파 30g
닭육수 100mL
식용유 1큰술
팟타이 소스 3큰술

가니쉬
라임 1/4개
볶은 땅콩 35g
코리앤더 적당량

만드는 법

1. 쌀국수는 4시간 동안 찬물에 불려 건져낸다.
2. 중간불로 예열한 프라이팬에 식용유를 두르고 샬롯과 마늘을 넣고 살짝 볶다 건새우를 넣는다.
3. ②에 쌀국수와 닭육수를 넣고 국수가 육수를 완전히 흡수할 때까지 잘 볶아준다.
4. 육수가 사라지면 팟타이 소스와 새우살을 넣고 잘 섞고 볶은 후 달걀을 깨 넣고 볶는다.
5. 숙주와 실파를 넣고 한번 버무린 후 접시에 담고 라임웨지와 볶은 땅콩, 코리앤더를 곁들인다. 취향에 따라 고춧가루를 곁들이기도 한다.

● 팟타이 소스 만드는 방법은 p.35 참조

Note

두부를 1×1×2로 썰어 노릇하게 튀겨 같이 넣기도 한다.
실파 대신 부추를 넣기도 한다.

달걀을 함께 섞지 않고 혼합지단을 넓게 부쳐 속에 팟타이를 넣은 팟타이 오믈렛(Pad Thai Ho Khai)도 있다.

Thai Papaya Salad(Som tam)

솜땀

파파야로 만든 샐러드로 라오스의 톰막홍과 유사한 음식이다. 솜땀의 명칭은 태국어로 "신맛이 나는것"이라는 뜻을 가진 솜(som)과 "빻다"라는 뜻을 가진 땀(tam)이 결합된 것이다.

재료

그린 파파야 100g
마늘 10g
베트남고추 10g
건새우 30g
볶은 땅콩 35g
방울토마토 50g(4등분)
타마린드 주스 3큰술
피시소스 1큰술
라임주스 2작은술

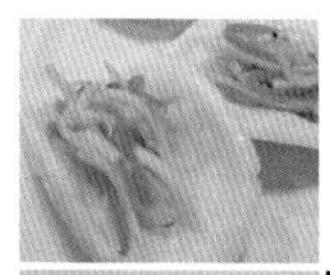

만드는 법

1 고추와 마늘, 건새우와 땅콩을 절구에 넣고 빻는다.
2 반으로 자른 방울토마토와 가늘게 채썬 파파야를 ①의 페이스트에 섞는다.
3 여기에 타마린드 주스와 라임주스, 피시소스를 넣고 잘 섞은 후 맛을 보고 간을 조절한다.

● 타마린드 주스 만드는 방법은 p.36 참조

Note

원래는 단맛이 없는 음식이지만 입맛에 따라 팜슈가를 넣기도 한다.
라임을 껍질째 작게 썰어 함께 섞거나 줄기콩을 3cm 정도로 잘라 섞기도 한다.
지역에 따라서는 소금에 절인 엄지손가락 두께의 작은 게를 절구에 함께 넣고 빻아 넣기도 한다.
코코넛 라이스와 함께 내기도 한다. –Khao Man Som Tam

Spicy Grapefruit Salad(Yam Som Oh)

자몽샐러드

태국 북부에서 많이 먹는 음식으로 찰밥과 함께 내기도 한다. 포멜로(Pomelo)는 겉껍질은 초록색이고 과육은 분홍색과 노란색이 있다.

재료

자몽 2개
라임주스 2큰술
피시소스 1큰술
설탕 2큰술
칵테일새우 150g(삶기)
닭가슴살 200g(15분 정도 삶아 찢기)
레몬그라스 15g
통후추 10알
월계수잎 1개
건조 코코넛(무가당) 2큰술
건새우 1/2큰술(잘게 다지기)
베트남 건고추 1개(씨 제거, 굵게 다지기)
코코넛크림 60mL

만드는 법

1 새우와 닭고기는 레몬그라스, 통후추, 월계수잎을 넣고 삶아 손질한다.
2 자몽의 껍질을 벗기고 섹션을 나눠 속껍질을 제거한다.
3 볼에 라임주스와 피시소스, 설탕을 넣고 잘 저어 섞어준다.
4 새우와 닭고기를 넣고 잘 섞는다. 건조 코코넛과 자몽을 넣고 가볍게 섞어준다.
5 건새우와 베트남 건고추를 담고 코코넛크림을 뿌리고 ④의 섞어 놓은 샐러드를 올린다.

Note

원래는 Pomelo를 이용하나 자몽으로 대체해도 무방하다. 포멜로(Pomelo)는 단맛이 있으므로 설탕량을 줄이거나 뺀다.

Tom Yam Goong
똠얌꿍

똠얌꿍은 태국 요리 중 가장 잘 알려진 요리로 맵지 않고 신맛이 나며 좋은 향과 맛이 난다.

재료(4인분)

타이 치킨스톡 1L
라임잎 3개
깐 생강 5g
코리앤더 뿌리 3개
레몬그라스(부드럽게 두드려 사용) 3줄기
중하 6마리
모듬해물 200g
양송이버섯 100g(반으로 자르기)
베트남 건고추 7개
라임주스 3큰술
피시소스 1/2큰술
코리앤더잎 3장

라오스 똠얌꿍

만드는 법

1 냄비에 스톡을 넣고 라임잎, 생강, 코리앤더 뿌리, 레몬그라스를 넣어 15분간 끓인다.

2 새우, 해물, 버섯, 고추를 넣고 약하게 3분 정도 끓여준 후 라임주스와 피시소스를 넣고 맛을 본다.

3 코리앤더잎을 넣고 불을 끈다.

● 타이 치킨스톡(태국식 닭육수) 만드는 방법은 p.23 참조

Note

새우 대신 생선, 게, 오징어 등을 이용할 수 있다.

Barbecued Chicken

태국식 바비큐 치킨

재료

닭 1마리(1kg)(먹기 좋게 잘라 사용)
깐 생강 20g(얇게 편썰기)

양념
다진 마늘 10개분
통후추 간 것 1큰술
간장 2큰술
설탕 2큰술
쿠앵트로 2큰술
소금 1작은술

스위트 타이 칠리 소스
화이트 비니거 125mL
설탕 100g
다진 마늘 30g
베트남 고추(절구에 빻은 것) 2~3개
소금 1/2작은술

만드는 법

1 양념재료를 모두 볼에 넣고 섞은 후 먹기 좋게 썬 닭에 양념하여 3~4시간 냉장고에 넣어 재워둔다.

2 양념에 재워둔 닭은 숯이나 브로일러에 넣고 25~30분간 구워준다.

3 소스팬에 스위트 타이 칠리 소스재료를 모두 넣고 시럽형태가 되도록 조린 후 식힌다.

4 구워낸 닭 위에 생강을 곁들이고 소스를 함께 낸다.

Note

밥과 함께 먹어도 좋고 솜땀과 함께 내도 좋다.

Garlic Fried Squid
오징어 마늘볶음

재료

오징어 2마리 500g(손질 후 260g)
식용유 2큰술
다진 마늘 100g
통후추(간 것) 1작은술
굴소스 1큰술
간장 1/2큰술
피시소스 1작은술
설탕 1작은술

가니쉬
코리앤더잎 적당량

만드는 법

1 손질된 오징어의 껍질을 벗기고 안쪽에 칼집을 낸 후 한입 크기로 자른다.
2 중불로 달군 웍에 기름을 두른 뒤 마늘을 넣고 황금갈색이 될 때까지 볶다가 오징어와 양념을 넣고 3~4분간 볶아준다.
3 오징어가 익으면 접시에 담고 코리앤더잎을 기호에 따라 곁들인다.

Mussels Steamed with Fragrant Thai Basil

타이바질을 곁들인 홍합찜

재료

홍합 2kg
타이바질 10g

디핑소스
라임주스 125mL
피시소스 2큰술
설탕 1작은술
다진 코리앤더 뿌리 2개분
굵게 다진 마늘 15g
물 125mL

가니쉬
라임잎 2장(가늘게 채썰기)
바질잎 5장

만드는 법

1 홍합은 문질러 씻고 수염을 제거하여 깨끗하게 손질한다.
2 김이 오른 찜통에 홍합과 굵게 다진 바질을 넣고 10분 정도 홍합이 입을 벌릴 때까지 찐다.
3 불을 끄고 2분 정도 뜸을 들인 후 뚜껑을 연다.
4 디핑소스 재료를 함께 넣고 끓여 식힌다.
5 홍합과 디핑소스를 함께 낸다.

Note

타이바질 대신 레몬그라스를 넣어 만들기도 한다.
– Phat Hawy Malaeng Phuu Ta Khrai

Clams with Basil and Shrimp Chili Paste

쉬림프 칠리 페이스트로 맛을 낸 조개와 바질요리

재료

모시조개 또는 바지락 1kg
식용유 3큰술
다진 마늘 2큰술
태국고추(슬라이스) 2~3개
쉬림프 칠리 페이스트 3큰술
간장 2작은술
타이 치킨스톡 125mL
바질잎 10g

만드는 법

1 조개는 해감해서 깨끗하게 손질하여 준비한다.
2 뜨겁게 달군 웍에 식용유를 두르고 조개와 마늘을 넣고 센 불에 3분 정도 볶는다.
3 ②에 태국고추, 쉬림프 칠리 페이스트, 간장을 넣고 치킨스톡을 부어 약한 불에 5분간 끓인다.
4 조개는 따로 서빙그릇에 빼놓은 후 센 불에 3~5분 정도 끓인다. 불을 끄고 바질을 넣는다.
5 담아놓은 조개에 ④의 소스를 부어 제공한다. 밥과 함께 먹으면 좋다.

● 타이 치킨스톡(태국식 닭육수) 만드는 방법은 p.23 참조. 시판용 스톡을 사용해도 된다. 쉬림프 칠리 페이스트 만드는 법은 p.38 참조

Honey Ginger Prawn
생강과 꿀로 양념한 새우볶음

재료

중하 500g
식용유 2큰술
다진 마늘 3큰술
간장 1큰술
꿀 1½큰술
쪽파 2줄기(4cm로 자르기)

양념
피시소스 1작은술
청주 1/4작은술
생강즙 1/2큰술
통후추 간 것 약간

만드는 법

1 새우는 내장 제거 후 꼬리 한 마디만 남기고 껍질을 벗긴다.
2 큰 볼에 양념재료를 모두 넣고 잘 섞는다. 새우를 넣고 30분 이상 재워 둔다.
3 강한 불에 달군 웍에 식용유를 두르고 다진 마늘을 넣은 뒤 황금갈색이 나도록 볶고 양념된 새우를 넣어 2~3분간 익힌 후 간장과 꿀을 넣고 2분 정도 더 볶는다. 마지막으로 쪽파를 넣고 잘 섞은 뒤 불을 끈다.
4 서빙접시에 담고 흰밥과 함께 제공한다.

Creamy Asparagus and Crabmeat Soup

부드럽게 끓인 아스파라거스 게살수프

재료

아스파라거스 250g
치킨스톡 1L
식용유 1작은술
쪽파 2줄기(흰 부분만 사용, 다지기)
다진 마늘 1큰술
피시소스 1큰술
설탕 1/2작은술
자숙게살 60g
녹말물(옥수수전분 2큰술+물 3큰술)
소금 1/2작은술
통후추 간 것 1작은술
달걀 1개
코리앤더잎 2큰술(1cm로 썰기)

만드는 법

1 아스파라거스의 단단한 밑부분을 잘라놓고 나머지 부분은 짧게 잘라 놓는다.

2 센 불에 치킨스톡과 잘라낸 아스파라거스의 밑부분을 넣고 끓기 시작하면 약한 불로 줄여 15분간 더 끓인다. 체에 걸러 육수만 사용한다.

3 달군 웍에 식용유를 두르고 다진 마늘과 쪽파를 넣고 황금갈색이 나도록 볶다가 육수를 붓고 피시소스와 설탕을 넣는다.

4 아스파라거스를 넣고 잠깐 끓인 후 게살을 넣고 잘 섞는다. 중불로 불을 줄이고 녹말물을 부어 농도를 조절하고 소금, 후추로 간을 한 후 풀어 놓은 달걀을 풀어 주고 불을 끈다.

5 서빙그릇에 담고 코리앤더잎을 얹어 제공한다.

Beef Soup with Lemongrass

레몬그라스를 곁들인 소고기수프

재료

소고기(등심) 400g(얇게 슬라이스)
다진 마늘 2작은술
피시소스 2작은술
통후추 간 것 1/4작은술
쪽파 2줄기(흰 부분만 사용, 다지기)
식용유 1작은술
레몬그라스 1줄기(두꺼운 부분만 사용, 껍질 벗겨 속부분 0.2cm로 자르기)
생강 2쪽(얇게 편썰기)
소고기 육수 1.5L
쌀식초 2작은술
설탕 1작은술
토마토(중간 크기) 1개(웨지, 8등분)

가니쉬

코리앤더잎 적당량

만드는 법

1. 소고기에 다진 마늘 1작은술, 피시소스 1작은술, 후추를 넣고 밑간을 한다.
2. 냄비에 기름을 두른 뒤 고기를 볶고 남은 마늘과 쪽파, 레몬그라스, 생강을 넣어 중불로 2분 정도 볶는다.
3. 남은 피시소스를 넣고 육수와 식초, 설탕과 토마토를 넣은 후 약불에 5분 정도 끓인다.
4. 서빙그릇에 담고 코리앤더잎으로 장식한다.

Pineapple Seafood Soup(canh chua tom)

파인애플 해산물 수프(깐추아톰, 베트남)

재료

모듬해물 500g
식용유 2작은술
양파 1/2개(얇게 슬라이스)
레몬그라스 3줄기(두꺼운 부분만 사용, 껍질 벗겨 속부분 얇게 썰기)
치킨스톡 또는 피시스톡 1.5L
완숙토마토(큰 것) 1개(웨지, 8등분)
파인애플(생것 또는 통조림) 150g(1cm 두께, 한입 크기로 썰기)
피시소스 2큰술
타마린드 주스 2큰술
설탕 1큰술
소금 1½작은술
숙주 100g

양념
다진 마늘 2개분
베트남고추 1개(송송썰기)
피시소스 1큰술
통후추 간 것 1/4작은술

가니쉬
오이 1/2개(채썰기)
민트잎 적당량

만드는 법

1. 양념재료를 모두 큰 볼에 넣고 잘 섞은 후 해물을 넣어 20분 정도 재워 둔다.
2. 중불로 달군 냄비에 기름을 두른 뒤 양파와 레몬그라스를 넣어 볶고 육수를 넣어 토마토, 파인애플, 피시소스, 타마린드 주스, 설탕, 소금을 넣은 뒤 뚜껑을 열고 센 불로 1분 정도 끓인다.
3. 해물을 넣고 3분 정도 끓인 후 숙주를 넣고 불을 끈다.
4. 서빙그릇에 담고 채썬 오이와 민트잎으로 장식한다.

Fried Rice with Prawns and Pineapple
(Khao Phat Sapparot)

새우 파인애플 볶음밥

Khao Phat은 볶음밥이라는 뜻으로 뒤에는 볶음밥의 재료명이 들어간다. 볶음밥은 중국에서 유래된 음식으로 지금은 태국에서 빼놓을 수 없는 음식으로 자리 잡았다.

만드는 법

1. 양념재료를 모두 볼에 넣고 잘 섞는다.
2. 중불로 달군 냄비에 기름을 두르고 마늘을 황금갈색이 나도록 볶은 후 새우가 핑크색으로 변하도록 볶는다. 파인애플, 토마토, 양파를 넣고 잘 섞은 후 가장자리로 밀어놓고 잘 풀어둔 달걀을 가운데 넣고 스크램블한다. 밥을 넣고 3~5분 정도 더 볶은 후 양념을 넣고 1~2분 정도 잘 섞어 볶는다. 쪽파를 넣고 불을 끈다.
3. 서빙그릇에 담고 코리앤더잎으로 장식한다.

재료

새우 껍질 벗긴 것 250g
파인애플 과육(생것 또는 통조림) 100g
(0.5cm × 0.5cm × 0.5cm)
식용유 3큰술
다진 마늘 2개분
양파(小) 1개(굵게 채썰기)
완숙 토마토 1개(굵게 채썰기)
달걀 2개
안남미 밥 400g
쪽파 1줄기(송송썰기)

양념
시즈닝 소스 1큰술
피시소스 1큰술
소금 1/2작은술
통후추 간 것 1/4작은술

가니쉬
코리앤더잎 적당량

Note
파인애플 속을 파고 그릇으로 이용해도 좋다. 동남아여행을 하면 흔하게 먹을 수 있는 음식 중 하나이다.

Chicken Noodle Soup(Pho Ga)

닭고기 쌀국수

재료

쌀국수 300g
숙주 200g
양파 1개(얇게 채썰기)
통후추 간 것 적당량

육수
치킨스톡 2.5L
닭 1마리
시나몬 스틱 1개
쪽파 4줄기
깐 생강 10g
설탕 2작은술
소금 1작은술
피시소스 2큰술

양념
간장+고추(송송썰기)

가니쉬
라임, 바질, 코리앤더잎 적당량

만드는 법

1. 냄비에 피시소스를 제외한 육수재료를 모두 넣고 센 불로 끓이다 끓기 시작하면 약한 불로 줄여 45분간 끓인다. 중간중간 거품을 제거한 후 마지막에 피시소스를 넣고 불을 끈다.
2. 체에 걸러 깨끗한 육수를 받아 놓고 익힌 닭은 먹기 좋게 찢어 놓는다.
3. 쌀국수는 미지근한 물에 부드럽게 불린 후 찬물에 헹궈 체에 밭쳐 물을 빼 놓는다.
4. 서빙그릇에 국수와 숙주를 담고 닭고기와 양파, 후추를 올린다. 뜨거운 육수를 붓고 라임과 바질, 코리앤더를 올린다. 간장과 함께 제공한다.

Hanoi Beef Noodle Soup(Pho Bo)

소고기 쌀국수(베트남)

재료(4인분)

쌀국수 300g
피시소스 3큰술
소고기(샤부샤부감) 250g
숙주 200g
양파(얇게 슬라이스) 1개
느억참 적당량

육수
양파(中) 2개
깐 생강 10g
샬롯 3개
비프스톡 2.5L
소고기(양지) 500g
팔각 2개
시나몬 스틱 1개
통후추 10알
쪽파 4줄기
소금 1큰술

양념
간장+고추(송송썰기)

가니쉬
라임 또는 레몬, 홍고추, 바질,
코리앤더잎 적당량

만드는 법

1 브로일러에 양파, 생강, 샬롯을 얹어 5~10분간 구워준다. 냄비에 구운 양파, 생강, 샬롯과 육수재료를 모두 넣고 센 불로 하여 끓기 시작하면 약한 불로 줄여 1시간 끓인다. 마지막에 피시소스를 넣는다. 고기가 부드러워질 때까지 끓이고 중간중간 거품을 제거한다.

2 체에 걸러 깨끗한 육수를 받아 놓고 익힌 고기는 먹기 좋게 썰거나 찢어 놓는다.

3 쌀국수는 미지근한 물에 부드럽게 불린 후 찬물에 헹군 뒤 체에 밭쳐 물을 빼놓는다.

4 서빙그릇에 국수와 숙주를 담고 익힌 고기와 얇게 썬 익히지 않은 소고기, 양파를 올린다. 뜨거운 육수를 붓고, 라임과 바질, 코리앤더를 올린다. 느억참과 함께 제공한다.

● 느억참 만드는 방법은 p.39 참조

밥을 지어서 둥글납작하게 만들어 햇볕에 바짝 말린다.

기름에 바삭하게 튀겨낸다.

쌀국수를 먹고 국물에 튀겨낸 밥을 추가해서 먹는 방법도 있다.
쌀국수를 먹고도 뭔가 허전함을 느끼는 사람에게는 딱 좋은 음식이며 찰진 밥의
구수함을 그대로 맛볼 수 있다.

Seasoned Prawn on a Sugar Cane Stick(chao tom)

사탕수수에 감싼 새우살구이(짜오톰)

짜오톰은 새우살을 양념하여 반죽한 후 사탕수숫대에 붙여 숯불에서 구워낸 꼬치요리이다.

재료

중하(껍질 벗긴 것) 300g
설탕 1작은술
소금 1/2작은술
통후추 간 것 1/2작은술
전분 1/2작은술
식용유 2큰술
사탕수수줄기 또는 중파 8개(10cm)
식용유 4큰술
스위트 앤 사워소스 적당량

만드는 법

1 새우와 소금, 설탕, 후추를 넣고 곱게 다진다.
2 사탕수수줄기 또는 중파에 반죽을 감싼다. 이때 손에 기름을 바르고 작업하면 들러붙지 않아 좋다.
3 바삭해지도록 숯불에 앞뒤로 5~10분간 굽는다. 숯불이 없으면 팬에 기름을 두르고 약불에 돌려가며 구워도 좋다.
4 뜨거울 때 스위트 앤 사워소스와 함께 낸다.

● 스위트 앤 사워소스 만드는 방법은 p.40 참조

Note
돼지고기, 소고기를 이용해서 만들어도 좋다.

Cha gio

짜조(베트남)

베트남 북부에서는 짜조라는 말을 쓰지 않고 넴(Nem)으로 불린다.

재료

라이스페이퍼(지름 20cm) 12장
튀김기름 적당량
느억참 적당량

속재료
녹두당면 50g(물에 불려 적당한 크기로 잘라 물기 제거)
달걀 1개
다진 돼지고기 250g
자숙 게살 150g
다진 양파 60g
당근 70g(2cm 채썰기)
숙주 100g(데쳐서 물기 제거하기)
소금 1/2작은술
피시소스 1큰술
통후추 간 것 1/2작은술

만드는 법

1. 큰 볼에 속재료를 모두 섞어 준비한다.
2. 물에 담아 부드럽게 만든 라이스페이퍼 위에 속재료를 넣고 터지지 않게 단단히 만다.
3. 튀김기름 150℃에 3~5분간 튀겨 기름을 제거한다.
4. 느억참과 함께 낸다.

● 느억참 만드는 방법은 p.39 참조

Note
태국에서는 라이스페이퍼 대신 춘권피를 사용하고
Po Pia Thot으로 불린다.

라이스페이퍼 만드는 모습

① 불린 쌀을 맷돌에 갈아준다.

② 쌀물을 면포에 익힌다.

③ 라이스페이퍼를 말린다.

Goi Guon

고이꾸온(베트남)

고이꾸온은 우리에게 월남쌈으로 알려진 요리이다. 라이스페이퍼는 반짱(Banh Trang)으로 불리며 쌀가루반죽을 얇게 펴 증기에 쪄서 말린 식재료이다.

재료

라이스페이퍼(지름 20cm) 12장
소고기(살코기) 250g
새우 300g
실파 혹은 부추 50g(7cm)
버미첼리 100g(찬물에 불리기)
오이 1개(돌려깎아 채썰기)
당근 70g(채썰기)
코리앤더 적당량
땅콩 디핑소스 적당량

소고기 삶는 향신채
대파, 마늘, 후추

새우 삶는 향신채
셀러리, 양파, 레몬

만드는 법

1. 끓는 물에 대파, 마늘, 후추를 넣고 소고기를 삶는다. 삶은 고기는 얇고 길게 썬다.
2. 끓는 물에 새우와 셀러리, 양파, 레몬을 넣고 삶아 식혀 껍질을 벗긴다.
3. 물에 담가 부드럽게 만든 라이스페이퍼 위에 재료를 넣고 터지지 않게 단단히 만다.
4. 땅콩 디핑소스와 함께 낸다.

● 땅콩 디핑소스 만드는 방법은 p.41 참조

Banhn Xeo
반쎄오

반쎄오는 베트남식 부침개로 손바닥보다 작은 크기부터 파전만 한 크기까지 다양하게 부쳐낸다. 먹을 때는 파전 먹듯이 젓가락으로 떼어 소스에 찍어 먹는다. 상추와 각종 채소가 함께 나오면 반쎄오를 적당량 떼어 상추에 채소와 함께 쌈을 싸서 소스를 뿌려 먹는다.

재료

숙주 150g(꼬리 제거)
쪽파 2줄기(송송썰기)
생표고버섯 6개(얇게 저미기)
느억참 적당량

반죽
가공 쌀가루 125g
물 250mL
진한 코코넛밀크 250mL
소금 1/2작은술
강황가루 1/4작은술

속재료
돼지고기(샤부샤부용) 200g
깐 새우(중간크기) 250g
다진 마늘 2큰술
설탕 1/2작은술
식용유 2큰술
양파 1개(채썰기)

만드는 법

1 큰 볼에 돼지고기, 새우, 다진 마늘, 설탕을 넣고 섞는다.
2 중불에 달군 팬에 기름을 두르고 양파를 볶다가 ①의 재료를 넣고 70% 정도 익힌다.
3 반죽재료를 멍울 없이 잘 섞어 준비한다.
4 중불로 달군 프라이팬에 기름을 두르고 반죽을 85mL 붓고 팬을 돌려 지름 20cm 정도로 얇고 넓게 펼친다. 그 위에 숙주, 쪽파, 표고버섯과 ②의 볶은 재료를 얹은 후 약한 불에 뚜껑을 덮고 3~4분 정도 익힌다.
5 반죽이 골든브라운에 바삭해지면 반을 접어 접시에 담는다. 소스그릇에 느억참을 곁들여 낸다.

● 느억참 만드는 방법은 p.39 참조

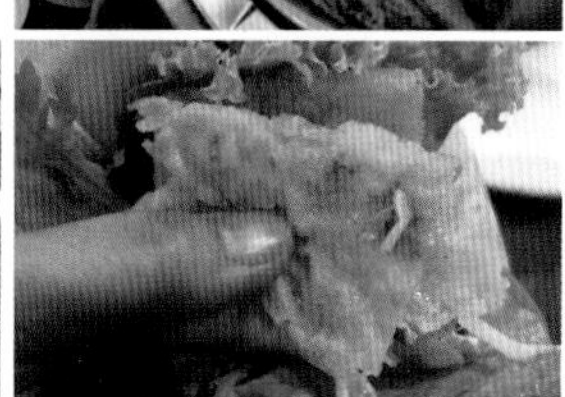

Sambal Terung

삼발소스를 곁들인 튀긴 가지(인도네시아)

재료

가지 500g
식용유 4큰술

삼발
베트남 건고추 8~10개
베트남 고추 2~4개
샬롯 6개
깐 마늘 2쪽
식용유 3큰술
타마린드 주스 2큰술
설탕 2작은술
소금 1작은술

만드는 법

1 삼발을 만든다. 베트남 건고추는 작게 잘라 따뜻한 물에 10~15분 정도 불려 부드럽게 만든다. 체에 밭쳐 물기를 제거한 베트남 건고추, 베트남고추, 샬롯, 마늘은 절구나 블렌더를 이용해서 부드럽게 간다. 이때 조금씩 식용유를 넣으면서 간다.

2 약한 불로 달궈놓은 웍에 페이스트를 넣고 5분 정도 볶은 후 타마린드 주스와 설탕, 소금을 넣고 볶는다.

3 가지는 길이가 같게 4등분으로 길게 잘라 놓는다. 중불로 달궈놓은 웍에 기름을 넉넉히 두르고 가지를 얹어 양쪽 면이 연갈색이 나도록 튀겨준다. 페이퍼타월 위에 튀긴 가지를 얹어 기름을 제거한다.

4 접시에 튀긴 가지를 얹고 삼발을 얹어낸다.

● 타마린드 주스 만드는 방법은 p.36 참조

Stuffed Tofu(Tauhu Goreng)

속을 채운 두부(인도네시아)

재료

두부 600g
소금 1/2 작은술
식용유 200mL

속재료
숙주 50g
오이 60g(가늘게 채썰기)
새우 8마리
코리앤더 10g

칠리소스
베트남고추 2개
깐 마늘 2쪽
소금 1/4작은술
설탕 3/4작은술
물 1½큰술
화이트 비니거 1큰술
토마토케첩 1큰술

만드는 법

1. 두부는 삼각형으로 잘라 소금을 뿌린다. 키친타월에 얹어 물기를 뺀다.
2. 블렌더에 고추, 마늘, 설탕, 소금을 넣어 갈고 물, 케첩을 넣어 부드럽게 만든 후 소스그릇에 담는다.
3. 중불로 달궈놓은 웍에 기름을 넣고 황금갈색이 되도록 튀긴다. 페이퍼타월 위에 두부를 얹어 기름을 제거한다.
4. 숙주는 끓는 물에 데쳐 찬물에 헹궈 물기를 제거한다.
5. 새우는 끓는 물에 삶아 껍질을 벗긴다.
6. 두부의 중간을 잘라 속재료로 속을 채운다.
7. 접시에 두부를 담고 소스그릇에 칠리소스를 담아 같이 제공한다.

Nasi Goreng

나시고렝

말레이시아, 싱가포르에서는 쌀을 나시(Nasi)라고 하며 고렝(Goreng)은 볶음요리라는 뜻이다. 따라서 나시고렝은 볶음밥이라는 뜻이다.

재료

홍고추 2개
깐 마늘 5쪽
샬롯 3개
식용유 2큰술
쉬림프 칠리 페이스트 1작은술
깐 새우(大) 100g(닭가슴살 150g으로 대체 가능)
소금 1/2작은술
통후추 간 것 1/4작은술
설탕 1/2작은술
껍질콩 60g(2cm로 자름)
안남미밥 400g

만드는 법

1. 블렌더나 절구에 고추, 마늘, 샬롯, 쉬림프 칠리 페이스트를 넣고 식용유를 조금씩 넣어가며 페이스트 상태로 만든다.
2. 중불로 달군 웍에 기름을 두르고 ①의 페이스트를 볶은 후 새우나 치킨, 소금, 후추, 설탕을 넣고 볶다 껍질콩을 넣어 2분 정도 볶고 식힌 밥을 넣어 골고루 섞으면서 볶는다.
3. 서빙그릇에 담아낸다.

● 쉬림프 칠리 페이스트 만드는 방법은 p.38 참조

Note

기호에 따라 달걀 스크램블을 넣어도 좋다. 해살물, 고기 등을 끼워 구운 사테와 튀긴 새우칩을 곁들여 함께 먹기도 한다.

Chicken Satay

치킨사테

사테는 길쭉한 꼬치에 양념한 고기를 꿰어 숯불에서 구운 음식이다. 돼지고기, 쇠고기, 닭고기, 새우 등을 사용한다.

재료

칠리파우더 1/2작은술
설탕 2큰술
소금 1/2작은술
강황가루 1작은술
닭 넓적다리살 4개(2cm×2cm 썰기)
꼬치 12개
사테소스 적당량

스파이스 페이스트
코리앤더씨 1큰술
레몬그라스 1줄기
(두꺼운 부분만 사용. 껍질 벗겨 속부분 얇게 슬라이스)
샬롯 2개
깐 마늘 2쪽
식용유 2큰술

만드는 법

1. 스파이스 페이스트 재료를 모두 넣고 모두 간다. 칠리파우더, 소금, 설탕, 강황가루를 넣고 섞은 후 2cm×2cm로 잘라 놓은 닭고기에 12시간 재워 둔다.
2. 양념에 재워둔 닭은 꼬치에 끼운다.
3. 숯이나 브로일러에 노릇노릇하게 10분간 구워준다.
4. 구워낸 닭꼬치와 소스를 함께 낸다.

● 사테소스 만드는 방법은 p.43 참조

새우를 꼬치에 끼워 굽기도 하고 양고기, 생선 등도 숯불에 구워 먹는다.

염소고기도 숯불에 구워 먹는데 염소고기의 가슴부위를 양념장에 담갔다가 바로 빼서 즉석에서 구워 먹으면 그 맛이 참으로 좋다.

Noodles Salad(Yam Woon Sen)

녹두당면 샐러드(얌운센, 태국)

얌(Yam)은 샐러드를 뜻하며 운센(Woon Sen)은 녹두당면을 뜻한다.

재료

녹두당면 60g(물에 15분 불리기)
코리앤더잎 6장
양파 1/2개(채썰기)
볶은 땅콩 1/2컵
타이고추 3개
타이거새우 3마리

드레싱
피시소스 2큰술
라임즙 6큰술
다진 마늘 1큰술
설탕 1큰술
건새우 1/4컵

만드는 법

1 새우를 데친다(껍질을 벗겨도 좋다).
2 녹두당면은 물에 불려 끓는 물에 삶는다. 삶은 당면은 찬물에 식힌다.
3 드레싱 재료를 모두 섞어 드레싱을 만든다.
4 물기를 제거한 당면을 새우, 양파, 다진 고추와 코리앤더, 볶은 땅콩분태와 섞는다. 소스가 당면에 잘 배어들도록 15분 정도 기다렸다 접시에 담는다. 기호에 따라 위에 땅콩분태를 뿌려 장식하기도 한다.

Chicken and Pork Adobo

아도보(필리핀)

재료

돼지고기 삼겹살 500g
닭 1마리(닭볶음탕용으로 자른 것)
깐 마늘 6쪽
화이트 비니거 375mL
물 375mL
월계수잎 1장
굵은소금 1큰술
식용유 125mL
간장 60mL

만드는 법

1 냄비에 돼지고기와 닭고기를 섞어서 넣고 마늘을 다져서 위에 얹는다. 불에 식초와 물, 소금을 섞어 넣고 월계수잎을 넣고 고기가 부드러워질 때까지 30분 정도 푹 삶는다.
2 고기는 빼고 남은 육수는 졸인다. 졸인 육수와 간장을 섞는다.
3 웍에 기름을 두르고 삶아낸 고기를 갈색으로 구워 기름을 뺀다.
4 고기를 접시에 담고 육수를 부어낸다.

Adobong Pusit

아도봉푸싯(필리핀)

재료

오징어 작은 것 1kg
식용유 2큰술
다진 마늘 3큰술
식초 125mL
물 60mL
소금 1/2작은술

가니쉬
마늘 플레이크

만드는 법

1. 오징어 먹물을 받아놓고 오징어껍질을 벗긴다.
2. 프라이팬에 기름을 두르고 마늘을 노릇하게 굽는다.
3. ②의 소스팬에 오징어와 먹물, 식초, 물을 넣고 오징어가 질겨지지 않게 끓인 후 소금으로 간을 한다.
4. ③을 그릇에 담고 마늘 플레이크를 뿌려낸다.

Note
오징어가 제철일 때 생물로 구매하여 오징어와 먹물을 사용한다.

Gado Gado

가도가도(인도네시아)

가도가도는 마구 섞는다는 뜻으로 양배추, 감자, 숙주, 강낭콩, 튀긴 두부, 오이, 토마토에 피넛소스를 뿌려 먹는 인도네시아식 샐러드이다.

재료

양배추 100g
숙주 100g
강낭콩 60g
시금치 80g
두부 1/4모
달걀 1개
오이 1/2개
당근 1/2개
토마토 1개
식용유 1큰술
땅콩 디핑소스 적당량

만드는 법

1. 달걀은 삶아서 껍질을 벗겨 한입 크기로 썰어 놓는다.
2. 오이와 당근은 동그란 모양으로 썰어 놓는다.
3. 강낭콩은 끓는 물에 삶아 놓는다.
4. 양배추와 숙주는 끓는 물에 살짝 데쳐 물기를 뺀다.
5. 토마토는 8등분한다.
6. 시금치는 다듬어 끓는 물에 소금을 넣고 파랗게 데쳐 찬물에 헹구어 물기를 짠다.
7. 두부는 적당한 크기로 썬 후 프라이팬에 식용유를 약간 두르고 노릇노릇하게 지져낸다.
8. 접시에 준비한 재료를 예쁘게 돌려 담고 땅콩소스를 곁들여 낸다.

● 땅콩 디핑소스 만드는 방법은 p.41 참조

Poo Phat Pong Ka Ree

뿌 팟 퐁 까리(태국)

둥근 팬에 썬 게와 달걀, 카레가루, 코코넛밀크 등을 넣어 만든 부드러운 커리이다. 맹그로브게 등껍질이 부드러운 연갑게를 주로 사용한다.
뿌는 게를, 팟은 보다, 퐁은 가루, 까리는 커리를 뜻한다.

재료

게 2마리
식용유 4큰술
다진 마늘 2큰술
닭육수 1/2컵
옐로우 카레가루 1큰술
굴소스 1/2큰술
간장 1/2큰술
설탕 1작은술
피시소스 1큰술
코코넛밀크 1/2컵
달걀 1개
양파 1/2개(5cm 길이로 채썰기)
실파 3뿌리(5cm 길이로 채썰기)
셀러리 20g(어슷썰기)
홍고추 1개(어슷썰기)

만드는 법

1. 게는 등딱지를 떼고 손질한 다음 먹기 좋게 네 토막으로 자른다.
2. 팬에 식용유를 둘러 달군 후 다진 마늘을 넣고 약한 불에서 향이 날 때까지 볶는다. 손질한 게를 넣고 강한 불에서 재빨리 볶아준다.
3. 옐로우 커리(레드커리) 페이스트를 넣고 끓인다. 굴소스, 간장, 피시소스, 설탕, 닭육수를 넣고 간을 한 후 조금 더 끓인다.
4. 볼에 달걀 1개, 코코넛밀크 1/2컵을 넣고 거품기로 섞은 후 ③에 넣고 익힌다.
5. ④에 양파, 실파, 셀러리, 홍고추를 넣고 살짝 볶아서 그릇에 담아낸다.

Egg Net
에그넷

재료

통후추 약간
코리앤더 뿌리 2개
다진 마늘 5큰술
다진 새우살 1¼컵(돼지고기, 소고기, 닭고기도 가능)
설탕 1큰술
소금 1작은술
다진 라임잎 1작은술

에그넷
달걀 4개+전분물 1작은술

가니쉬
동그랗게 썬 홍고추 약간
코리앤더잎 약간

만드는 법

1 팬을 달군 후 식용유를 넣고 통후추, 코리앤더 뿌리, 다진 마늘, 다진 새우살을 넣고 볶는다. 새우살이 익으면 설탕, 소금으로 간을 하고 다진 케이퍼, 라임잎을 넣고 섞은 후 불을 끈다.

2 에그넷 만들기

달걀은 깨서 섞은 뒤 고운체에 잘 내린 후 전분물과 섞어 소스튜브(또는 짤주머니)에 담는다. 팬에 기름을 아주 얇게 두르고 체에 내린 달걀을 그물모양으로 만들어준 다음 약한 불에서 서서히 익힌다.

3 에그넷에 어슷썬 홍고추 약간, 코리앤더잎 약간, 속재료 적당량을 순서대로 넣고 에그넷의 볼록한 면이 겉면으로 올라오도록 사각으로 싸준다.

Fried Fish with Basil Leaves and Sweet Chili Sauce
바질잎을 올린 생선튀김

재료

생선 1마리(약 1kg)
소금 1작은술
튀김용 기름 적당량

양념
바질잎
마늘
샬롯
베트남고추 적당량(기름에 튀기듯이 볶아 기름을 빼서 사용)

스위트 칠리소스
식용유 2큰술
다진 마늘 3큰술
샬롯 3개(다지기)
코리앤더 다진 것 3큰술
베트남고추 2개(굵게 다지기)
피시소스 2큰술
팜슈가 4큰술
타마린드 주스 4큰술

만드는 법

1 생선은 깨끗하게 손질하여 앞뒤로 칼집을 3~4군데 낸다. 소금을 뿌려 15분 정도 둔 뒤 깨끗하게 씻고 물기를 제거한다.
2 튀김용 기름에 생선을 노릇하게 튀긴 후 기름을 제거한다.
3 준비된 재료를 섞어 스위트 칠리소스를 만든다. 중불로 달군 팬에 기름을 두르고 다진 마늘, 샬롯, 코리앤더, 고추를 넣고 볶다가 향이 올라오면 나머지 재료를 넣고 약하게 불을 줄인 후 농도가 나게 조린다.
4 그릇에 튀긴 생선을 담고 소스를 뿌린 후 가니쉬로 장식한다.

Grilled Fish with Salt

생선소금구이

재료

생선 1마리(약 1kg)
굵은소금 200g

향신채소
미나리
생강
마늘

만드는 법

1 생선은 깨끗하게 손질하여 내장과 비늘을 제거하고 내장이 있던 빈 곳에 향신채소를 채우고 소금을 가득 묻혀 뿌린 뒤 숯불에 은근하게 굽는다.

다양한 생선들은 생선 그대로를 굽기도 하고 소금에 묻혀서 굽기도 하고 꼬치에 끼워 굽기도 한다.

Indonesian Chicken Soup with Noodles and Aromatics(Soto ayam)

인도네시아식 치킨수프-소또아얌

재료

닭 1마리
레몬그라스 2줄기(껍질 벗겨 사용)
라임잎 6장
소금 1작은술
통후추 1작은술
코리앤더씨 1½작은술
커민씨 2작은술
샬롯 5개
깐 마늘 3쪽
강황가루 1½작은술
다진 생강 2큰술
땅콩기름 3큰술
녹두당면 또는 버미첼리 120g
라임주스 1큰술
셀러리잎 다진 것 2큰술
라임 1개(4등분)
삼발 적당량

만드는 법

1 냄비에 2L의 물을 붓고 닭과 라임잎, 레몬그라스를 넣고 센 불에 끓인다. 끓기 시작하면 약한 불로 줄이고 중간중간 불순물을 거둬 내며 닭이 부드럽게 익을 때까지 45분 정도 끓인다.
2 건더기를 걸러 맑은 육수만 덜어 놓고 닭고기는 먹기 좋은 크기로 찢어 놓는다.
3 푸드프로세서에 소금, 후추, 코리앤더씨, 커민씨를 넣어 가루가 될 때까지 갈고 샬롯, 마늘, 강황, 생강을 넣어 페이스트를 만든다.
4 강불에 달군 소스팬에 땅콩기름을 두르고 페이스트를 넣고 5분 정도 볶는다.
5 육수에 닭고기와 페이스트를 넣어 10분 정도 끓인다.
6 국수는 삶아서 준비한다.
7 육수솥에 불을 끄고 라임주스를 넣고 소금간을 한다.
8 그릇에 국수를 담고 육수와 닭고기를 담고 셀러리잎을 얹어 낸다. 라임웨지는 삼발소스와 함께 소스그릇에 낸다.

● 삼발 만드는 방법은 p.42 참조

Indonesian Congee with Chicken(Bubur Ayam)

인도네시아식 닭죽

재료

닭가슴살 1쪽
쌀 1컵
물 1L
다진 마늘 1/2큰술

토핑
파슬리 다진 것
양파 튀긴 것
초록색 베트남 고추 다진 것
찢은 닭고기살
달걀지단 채썬 것

곁들임
간장+고추(송송썰기)

만드는 법

1 냄비에 1L의 물과 쌀을 붓고 센 불에 끓인다. 끓기 시작하면 닭가슴살과 마늘을 넣고 15~20분 정도 중약불에 저어가며 끓인다.
2 그릇에 죽을 담아 원하는 토핑을 얹는다. 간장과 송송 썬 고추는 소스그릇에 함께 낸다.

Note
물 대신 닭육수를 사용하면 더욱 맛이 좋다.

Spicy Fried Noodles(Mee Goreng)

인도네시아식 볶음국수(미고렝)

미(Mee)는 노란색이 나는 계란국수이며 고렝은 볶음요리라는 뜻으로 여기선 볶음국수를 말한다.

재료

다진 마늘 1작은술
소금 1/2작은술
다진 샬롯 1큰술
카레가루 1작은술
국간장 1큰술
진간장 1큰술
소고기 30g(채썰기)
닭고기 30g(채썰기)
깐 새우 3마리
오징어 60g(얇게 슬라이스)
에그누들 240g
줄기콩 60g(5cm로 자르기)
달걀 1개
숙주 60g
식용유 3큰술
라임웨지 1개
땅콩분태 적당량

만드는 법

1 마늘과 소금을 절구에 빻고 다진 샬롯을 넣어 페이스트 상태가 될 때까지 찧는다.

2 중불로 달군 웍에 식용유 2큰술을 두르고 페이스트와 카레가루를 넣어 향이 올라올 때까지 볶는다.

3 간장과 고기를 넣은 다음 3~4분 정도 볶고 국수와 줄기콩을 넣어 30초 정도 더 볶은 다음 옆으로 밀어놓는다.

4 ③의 웍 빈 공간에 식용유를 1큰술 두르고 달걀을 깨어 스크램블하고 숙주를 넣어 볶는다.

5 ④를 그릇에 담고 라임웨지와 땅콩분태를 곁들여 낸다.

Banh Mi

반미샌드위치(베트남)

반미는 쌀로 만든 바게트빵으로 프랑스 통치기간에 보급된 빵이다.

재료

반미(15cm) 1개
돼지고기(불고기용) 150g
달걀 1개
오이 1/4개(길이로 얇게 썰기)
당근 50g(길게 채썰기)
무 50g(길게 채썰기)

청양고추 1개(둥근 모양, 얇게 썰기)
양파 1/4개(채썰기)
코리앤더 적당량
마요네즈 1큰술
피시소스 1/4큰술
칠리소스 1/2큰술

초절임양념
소금 1작은술+식초 3큰술+설탕 3큰술

고기 양념
피시소스 1/4큰술
칠리소스 1/2큰술
후춧가루 약간

만드는 법

1 당근과 무는 초절임양념에 재운 뒤 물기를 꼭 짜서 준비한다.
2 양파는 찬물에 담근 후 물기를 뺀다.
3 돼지고기는 고기양념에 버무린 뒤 석쇠나 팬에 굽는다.
4 달걀은 프라이를 한다.
5 반으로 자른 바케트 한 면에는 마요네즈를 바르고 다른 한 면에는 피시소스와 칠리소스를 섞어 펴 바른다.
6 빵에 모든 재료를 넣어 샌드위치를 만든다.

Seafood Salad Thai Style(yam thale)

태국식 해산물샐러드-얌딸레

재료

백새우 200g
홍합 100g
오징어 100g
게살 100g
양상추 100g
코리앤더 10g
양파 1/2개(채썰기)

드레싱
베트남고추 10개
마늘 5쪽
라임주스 3큰술
피시소스 2큰술
설탕 1/2작은술

만드는 법

1 채소는 깨끗이 씻어 준비하고 양파는 물에 담갔다가 물기를 제거한다.
2 해산물은 끓는 물에 데쳐 껍질을 벗기고 한입 크기로 썬다.
3 절구나 블렌더를 이용하여 드레싱 재료를 모두 넣고 간다.
4 볼에 모든 재료를 넣고 가볍게 섞어 그릇에 담는다.

Crispy Fried Rice Noodles(Phat Mi Krop)

바삭한 쌀국수튀김

재료

달걀 1개
버미첼리 100g
다진 마늘 1작은술
다진 양파 2큰술
간 생강 1작은술
칵테일 새우 100g
닭가슴살 150g(굵게 채썰기)
설탕 2큰술
피시소스 2큰술
식초 1큰술
스위트 칠리소스 2큰술
튀김기름 적당량

만드는 법

1 버미첼리는 찬물에 20분 정도 불린 후 체에 밭쳐 물기를 뺀다.
2 달걀은 지단을 부쳐 채썬다.
3 튀김냄비에 식용유를 넉넉히 붓고 170℃에서 버미첼리를 넣어 바삭하게 튀긴다.
4 달군 프라이팬에 다진 마늘, 양파, 생강을 넣고 볶다가 향이 올라오면 새우와 닭고기를 넣어 볶는다. 여기에 튀긴 버미첼리를 넣고 설탕, 피시소스, 식초, 스위트 칠리소스로 간을 한다.
5 지단을 버무려 그릇에 담거나 고명으로 위에 올린다.

Note

두부를 0.8×0.8×3로 썰어 노릇하게 튀겨 같이 넣거나 튀김 캐슈넛을 넣기도 한다.

Suki

수키(태국식 샤부샤부)

재료

분량은 기호에 맞게
태국 치킨스톡, 코리앤더, 게, 흰살생선,
오징어, 새우, 샤부샤부용 소고기,
홍합, 굴, 쑥갓, 배추, 팽이버섯,
청경채, 표고버섯, 초고버섯,
베이비콘, 두부, 녹두당면, 쌀국수

소스A
진간장 2½큰술+국간장 5큰술+
스리라차 칠리소스 1/3컵+식초 1/4컵+
참기름 1큰술+설탕 2큰술+
다진 마늘 1½큰술+시즈닝소스 135mL
→ 모든 재료를 넣고 끓여 식힌 후 필요한 만큼 사용

소스B
스리라차 칠리소스 3큰술+
다진 마늘 2큰술+다진 청양고추 1큰술
+다진 코리앤더잎 1큰술+
국간장 2큰술 → 모두 섞기

소스C
다진 마늘 1큰술+다진 청양고추 1작은술
+다진 코리앤더잎 1작은술+국간장 1/2작은술+라임주스 3큰술+피시소스 5큰술+설탕 1작은술 → 모두 섞기

만드는 법

1. 분량의 재료를 섞어 소스 A, B, C를 만든다.
2. 게는 솔로 문질러 깨끗이 씻고 적당한 크기로 토막낸다.
3. 오징어는 내장을 제거하고 껍질을 벗긴 뒤 칼집을 내 먹기 좋은 크기로 썬다.
4. 새우는 내장을 제거하고 깨끗이 씻어 준비한다.
5. 홍합은 물때 없이 깨끗이 씻고 수염을 제거한다.
6. 채소와 버섯은 깨끗이 씻어 먹기 좋은 크기로 썬다.
7. 쌀국수와 녹두당면은 물에 불려 놓는다.
8. 샤부샤부용 소고기와 쑥갓, 팽이버섯도 준비한다.
9. 준비한 재료를 접시에 보기 좋게 담는다.
10. 전골냄비에 태국 치킨스톡을 담고 코리앤더를 넣어 계속 끓이면서 준비한 재료를 넣어 살짝 익혀 먹고 원하는 소스에 찍어 먹는다.

● 타이 치킨스톡(태국식 닭육수) 만드는 방법은 p.23 참조

Steamed Fish(Plaa neung)

생선찜

재료

도미 1마리
소금 1작은술
후춧가루 1작은술
청주 2큰술
대파 4뿌리
생강 2쪽
코리앤더잎 5장
홍고추 1개
식용유 3큰술

소스
굴소스 1큰술
진간장 3큰술
설탕 1작은술
청주 1큰술
후춧가루 1/4작은술

만드는 법

1 도미의 비늘을 긁어 제거하고 내장을 꺼낸다. 깨끗이 씻어 앞뒤로 칼집을 넣고 청주와 소금, 후추로 밑간한다.

2 대파의 흰 부분은 채썰어 물에 담근다.

3 생강은 얇게 저미고 홍고추는 가위로 오려 꽃을 만든다. 고추는 물에 잠깐 담갔다 꺼내 사용한다.

4 분량의 소스재료를 모두 넣어 끓인다.

5 김이 오른 찜통에 채썬 대파 1/3과 생강을 밑바닥에 깔고 도미를 얹어 센 불에서 25~30분간 찐다(생선 크기에 따라 찌는 시간이 달라짐).

6 쪄진 생선을 접시에 담은 뒤 소스를 끼얹고 채썬 파와 코리앤더, 홍고추를 얹는다.

7 먹기 직전에 끓는 식용유 3큰술을 파 위에 끼얹어 파향이 올라오도록 한다.

Char Grilled Pork Paddies with Vietnamese

(Herbs: Bun Cha)

분짜(베트남)

베트남 북부에서 많이 먹는 쌀국수의 형태로 분이라고 하는 실처럼 얇고 가는 쌀국수를 새콤달콤한 국물에 찍어 채소, 숯불에 구운 고기완자와 함께 먹는 음식이다.

재료

다진 돼지고기 500g
달걀 1개
삼겹살 500g(불고기용)
버미첼리 500g
숙주 200g
깻잎 20g
바질 20g
민트잎 20g

양념

쪽파 10줄기(송송썰기)
부추 100g(송송썰기)
다진 샬롯 6큰술
다진 마늘 4큰술
통후추 간 것 1작은술
피시소스 2큰술
진간장 2작은술

디핑소스

피시소스 2큰술
식초 2큰술
설탕 3큰술
물 125mL
다진 고추 1개분
다진 마늘 1½큰술
라임주스 1큰술

만드는 법

1 볼에 양념재료를 모두 섞어 준비한다.
2 다른 볼에 다진 고기와 양념의 1/2, 달걀을 넣고 잘 섞어준다. 또 다른 볼에 삼겹살 얇게 썬 것과 남은 양념을 넣고 잘 섞는다. 2시간 숙성시킨다.
3 숙성된 다진 돼지고기는 지름 5cm, 두께 1cm의 패티로 만들어 숯불에 4분 정도 익히고 삼겹살은 2분 정도 갈색이 되도록 굽는다.
4 버미첼리는 물에 불려 부드럽게 한 후 뜨거운 물에 살짝 데쳐 준비한다.
5 소스팬에 피시소스, 식초, 설탕, 물을 넣고 끓여준 후 디핑볼에 담아 고추, 마늘, 라임주스를 넣는다.
6 접시에 고기패티와 삼겹살, 국수, 손질한 채소들을 담는다. 디핑소스 그릇에 담아 원하는 재료들을 찍어 먹을 수 있도록 한다.

Vietnamese Grilled Pork Ribs(Sung nuong)

베트남식 폭립구이(스언느엉)

베트남에서는 숯불요리가 서민적인 음식으로 여겨지므로 저렴하게 맛볼 수 있다. 밥을 곁들여 덮밥의 형태로 제공되는 껌 스언느엉이 일반적으로 판매되고 있다. 베트남 남부지방에서 많이 볼 수 있다.

재료

폭립 1kg(먹기 좋게 자르기)

양념
다진 샬롯 3큰술
피시소스 4큰술
통후추 간 것 1큰술
설탕 1/3컵

만드는 법

1 볼에 양념재료를 모두 섞어 준비한다.
2 통에 립과 양념을 넣고 잘 섞어 하룻밤 숙성시킨다.
3 숯불에 갈색이 되도록 굽는다. 이때 중간중간 양념을 발라가며 굽는다.
4 ③을 접시에 담아낸다.

Lemongrass Chicken Skewers

레몬그라스 닭고기 꼬치구이

재료

레몬그라스 2줄기(흰 부분만 사용, 다지기)
다진 샬롯 50g
홍고추 1개(다지기)
다진 마늘 1½큰술
황설탕 1큰술
진간장 1큰술
굴소스 1큰술
참기름 1작은술
닭고기 500g
실파 1줄기(송송썰기)
자스민 라이스 적당량
꼬치 적당량

만드는 법

1. 절구나 블렌더에 레몬그라스, 샬롯, 고추, 마늘을 넣고 페이스트 상태가 될 때까지 갈고 설탕과 참기름, 간장, 굴소스를 넣어 양념을 만든다.
2. 닭고기는 얇게 저며썬 뒤 ①의 양념에 재워 냉장고에서 1시간 숙성시킨다.
3. 꼬치에 양념된 닭고기를 끼운 후 숯불에서 구워준다.
4. 접시에 꼬치를 담고 송송 썬 쪽파를 뿌린다. 자스민 라이스를 곁들여도 좋다.

Thai Stir Fried Noodle(Pad see ew)

태국식 볶음국수(팟씨유)

Pad은 볶는다는 의미이고 See ew는 대중적인 소스의 이름이다.

재료

넓은 쌀국수 건면 180g(또는 생면(Sen Yai) 450g)
식용유 2큰술
깐 마늘 2쪽(슬라이스)
닭가슴살 150g(먹기 좋은 크기로 썰기)
달걀 1개
청경채 100g

양념
블랙소이소스 2큰술
굴소스 2큰술
진간장 2작은술
화이트 비니거 2작은술
설탕 2작은술
물 2큰술

만드는 법

1. 국수는 물에 불려 부드럽게 하거나 끓는 물에 살짝 삶아 준비한다.
2. 양념재료를 모두 섞어 놓는다.
3. 고온으로 달군 웍에 기름을 두르고 마늘을 넣고 볶아 향이 올라오면 닭고기와 청경채를 넣어 1분 정도 볶은 뒤 옆으로 밀어 놓는다. 빈 공간에 달걀을 깨 넣고 스크램블한다.
4. 국수를 추가하고 양념을 넣어 볶는다.
5. 재빨리 접시에 담아 서빙한다.

Note
청경채는 때에 따라 모닝글로리로 사용해도 좋다.

Tom Rim Nuoc Cot Dua

베트남식 코코넛밀크소스 새우볶음

재료

중하 20마리
코코넛밀크 1/4컵
식용유 2큰술
소금 1/2작은술
설탕 1/2작은술
후춧가루 1/2작은술
다진 마늘 1½큰술
홍고추 1개(채썰기)
실파 3뿌리(5cm 썰기)

만드는 법

1 새우는 내장과 껍질을 제거하고 소금 1/2작은술을 뿌려 밑간한다. 이때 머리는 살린다.

2 중불로 달군 팬에 기름을 두르고 다진 마늘을 넣어 볶고 향이 올라오면 새우를 넣어 볶아준다.

3 새우가 어느 정도 익으면 코코넛밀크와 소금, 설탕으로 간을 맞추고 조금 더 볶아준 후 실파와 홍고추, 후추를 넣고 불을 끈다.

4 ③을 그릇에 담는다.

Tom Kho Tau

베트남식 새우조림

재료

대하 4마리(약 900g)
다진 양파 2작은술
설탕 2작은술
식용유 3큰술
다진 마늘 2큰술
코코넛밀크 125mL
느억맘소스 2큰술
토마토 간 것 2큰술
소금 1작은술
후춧가루 1/2작은술
대파채 100g

만드는 법

1. 새우는 내장과 껍질을 제거하고, 머리와 꼬리는 살린다. 다진 양파와 설탕으로 밑간한다.
2. 중불로 달군 팬에 기름을 두르고 다진 마늘을 넣고 볶다가 향이 올라오면 새우를 넣고 볶아준다.
3. 새우가 어느 정도 익으면 코코넛밀크와 느억맘소스, 토마토 간 것을 넣고 15분 정도 조린다. 소금, 후추로 간을 맞추고 불을 끈다.
4. 새우를 접시에 담고 소스를 끼얹은 다음 파채로 장식한다.

Caramel Chicken Wings

캐러멜소스 치킨윙

재료

치킨윙 1kg
우유 2컵
생강즙 1작은술
캐러멜소스 135mL

양념
설탕 1큰술
피시소스 1큰술

가니쉬
라임잎 2장(가늘게 채썰기)
바질잎 5장
쪽파 1줄기

만드는 법

1 치킨윙은 깨끗이 씻은 후 우유에 담가 잡내를 제거한다.

2 고온으로 달군 웍에 윙과 캐러멜소스, 생강즙을 넣고 30분 정도 익힌 후 체에 밭쳐 여분의 기름을 제거한 후 양념에 버무린다.

3 그릇에 ②를 담고 라임잎, 바질잎, 쪽파 등 기호에 따라 곁들여 담는다.

● 캐러멜소스 만드는 방법은 p.47 참조

Crispy Egg Noodle Pancake with Seafood

해산물을 곁들인 에그누들팬케이크

재료

에그누들(생면) 150g
식용유 3큰술

해산물 볶음용
식용유 1큰술
생강채 1/2작은술
실파 1줄기(송송썰기)
당근 50g(어슷썰기)
관자(大) 4개
작은 오징어(꼴뚜기 또는 주꾸미) 4마리
타이거새우 4마리
느억맘 1큰술
간장 1½큰술
설탕 1/2작은술
통후추 간 것 약간
코리앤더 적당량
느억참 적당량

만드는 법

1 냄비에 물을 끓인 뒤 국수를 삶아 체에 밭쳐 물기를 뺀다.

2 팬에 기름을 넉넉히 두르고 국수로 둥글납작하게 만들어 양면을 바삭하게 굽는다.

3 중불로 달군 팬에 기름을 두르고 생강과 실파를 볶아 향이 올라오면 당근을 볶은 다음 관자, 오징어, 새우를 넣고 느억맘, 간장, 설탕, 후추로 간을 한다.

4 접시에 에그누들팬케이크를 담고 볶은 ③을 올리고 코리앤더를 얹어 낸다. 느억참을 곁들여 낸다.

느억참 만드는 방법은 p.39 참조

Saigong Shellfish Curry

사이공 관자 카레(베트남)

재료

다진 생강 1/2작은술
다진 마늘 2큰술
양파 1개(채썰기)
레몬그라스 2줄기(흰 부분만 다짐)
청고추 1개(원형으로 썰기)
홍고추 1개(원형으로 썰기)
흑설탕 1큰술
느억맘 1큰술
쉬림프 페이스트 2작은술
커리파우더 2큰술
코코넛밀크 550mL
라임주스 3큰술
소금 2작은술
후춧가루 약간
오징어 1/2마리(칼집내기)
관자 3개
새우 10마리
바질잎 약간
코리앤더잎 약간

만드는 법

1 냄비에 기름을 두르고 양파를 갈색으로 볶은 뒤 생강과 마늘을 넣고 볶아 준다.

2 향이 올라오면 레몬그라스와 홍고추, 흑설탕, 느억맘, 커리파우더, 쉬림프 페이스트를 넣고 볶는다.

3 코코넛밀크와 라임주스를 넣고 잘 섞은 후 소금, 후추로 간을 한다.

4 ③에 오징어, 관자, 새우를 넣고 잘 끓인 후 바질잎과 코리앤더잎을 얹어 낸다.

Thai Roti with Banana, Cinnamon and Condensed Milk(Roti Gluay)

바나나 타이 로띠

재료

물 125mL
소금 1작은술
박력분 250g
달걀 1개
녹인 마가린 2큰술
코코넛오일(식용유 대체) 200mL
바나나 2개
시나몬파우더 2작은술
설탕 4큰술
연유 약간

만드는 법

1 소금과 물을 혼합하여 박력분, 달걀을 넣어 부드러워지도록 15분 이상 반죽한다. 그릇에 기름을 바르고 반죽을 넣어 랩을 씌우고 1시간 정도 숙성시킨다.

2 반죽을 4등분한 후 각 볼에 기름을 바르고 따뜻한 곳에서 3시간 발효한 후 밀대로 밀어 반죽을 얇게 편다.

3 시나몬파우더와 설탕을 섞어 시나몬 슈가를 만들고 바나나는 껍질을 벗겨 먹기 좋게 자른다.

4 팬에 기름을 두르고 얇게 편 반죽을 구운 후 바나나를 얹은 뒤 접는다. 양쪽 면을 노릇노릇하게 구워준 후 접시에 담는다.

5 ④에 시나몬파우더, 설탕, 연유를 뿌린다.

찹쌀구이(라오스)

재료

찹쌀 적당량
달걀물 적당량

1 찹쌀을 증기에 쪄서 절구로 빻아 반대기를 만든다. 밥알이 반 정도 살아 있도록 한다.
2 숯불에 석쇠를 올린 다음 만들어 놓은 찹쌀반대기를 달걀물에 적셔 노릇하게 굽는다.
3 꼬치에 끼운다.

● 남녀노소 간식으로 먹는 음식이다. 학교 앞 등 오고가는 사람이 많은 곳에서 판매한다.
쫀득한 맛이 우리나라의 인절미 같은 느낌이다.

Frozen Bananas in Coconut Cream and Crushed Peanuts

코코넛크림과 땅콩(코코넛을 곁들인 얼린 바나나)

재료

바나나 2개
아이스크림 스틱 8개
코코넛크림 250mL
백설탕 2큰술
소금 1/2 작은술
볶은 땅콩분태 100g
건조 코코넛 4큰술

만드는 법

1 바나나 껍질을 벗겨 적당한 크기로 잘라 아이스크림 스틱에 꽂아준다. 통에 담아 뚜껑을 덮어 냉동실에 1시간 30분 정도 얼려 놓는다.
2 코코넛크림과 백설탕, 소금을 볼에 넣고 설탕이 녹을 때까지 잘 젓는다.
3 넓은 접시에 땅콩과 건조 코코넛을 넣어 섞는다.
4 얼려 놓은 바나나에 ②의 크림을 골고루 묻힌 후 ③의 땅콩 · 코코넛을 묻힌다.
5 곧바로 서빙하거나 다시 냉동실에 얼려 먹고 싶을 때 꺼내 먹는다.

Two Calared Shrimp Balls(Lukchin Kung Song Si)

태국식 새우살튀김

재료

다진 새우살 500g
튀김용 식용유 적당량

양념
소금 1작은술
달걀흰자 1개
옥수수전분 1큰술
화이트와인 1큰술
식용유 1작은술
후춧가루 1/4작은술

토마토케첩 2큰술

만드는 법

1 다진 새우살과 양념을 모두 넣고 잘 섞는다.
2 반을 나눠 한쪽에만 토마토케첩을 넣어 붉게 색을 낸다.
3 동글동글하게 모양을 만들어 튀겨낸다.
4 토마토케첩에 소금과 후추를 섞어 소스를 만들어 곁들여 낸다.

Three Flavared Spareribs(Sikhrong Mu Sam Rot)

태국식 돼지갈비 요리

재료

폭립 1kg(먹기 좋게 자르기)
식용유 적당량
파인애플 슬라이스 3쪽

튀김옷
밀가루 3큰술
소금 2작은술
후춧가루 1작은술

양념
파인애플 주스 125mL
식초 2큰술
갈색설탕 1큰술
라이트 소이소스 1큰술

만드는 법

1 폭립은 5cm 정도로 잘라 밀가루, 소금, 후춧가루를 넣고 잘 섞어 황금갈색이 되도록 튀겨 기름을 제거한다.

2 냄비에 튀긴 폭립을 넣고 양념을 모두 넣어 약한 불에서 폭립이 완전히 익을 때까지 저어주며 익힌다.

3 접시에 폭립을 담고 파인애플 슬라이스를 먹기 좋게 잘라 곁들인다. 밥과 함께 낸다.

Deep Fried Bananas(Gluai Tord)
바나나튀김

바나나를 익혀서 부드럽게 만든 것이다. 이 디저트는 바나나에 밀가루를 묻혀 바삭하면서 기름지지 않게 만든다.

재료

작은 바나나(껍질이 초록색인 바나나) 16개
쌀가루 1/2컵
중력분 1/2컵
소금 1½작은술
설탕 1/4컵
코코넛밀크 1컵
라임워터 1큰술
흰 통깨 1큰술
튀김용 팜유 3~4컵

만드는 법

1. 쌀가루와 중력분을 섞고 소금과 설탕을 넣어 잘 섞는다.
2. 여기에 코코넛밀크와 라임워터를 넣어 잘 섞어준다.
3. 바나나의 껍질을 벗기고 3등분한 후 튀김옷을 입힌다.
4. 웍에 기름을 넣고 중불로 데운 후 노랗게 튀겨낸다. 기름을 빼고 깨를 뿌려 낸다.

Note

라임워터는 레드라임 100g에 물을 10컵 넣고 믹싱볼에 넣어 잘 섞는다.
팜유 대신 코코넛오일을 사용해도 좋다.

참고문헌

- 동남아시아 문화 이야기(박장식, 솔과학, 2012)
- 동남아시아 음식여행(김동욱 · 이혜선, 김영사, 2004)
- 동남아시아 요리(윤석금, 웅진닷컴, 2000)
- 맛있는 베트남 요리(응 우 웬 투 흐엉, 터이 다이출판사)
- Authentic Malay cooking(Meriam Ismail, Periplus)
- Delicious Asian Seafood Recipes(Lee Geok Boi, Periplus)
- Filipino Favorites(Norma Olizon-Chikiamco, Periplus)
- Homestyle Filipino cooking(Norma Olizon-Chikiamco, Periplus)
- Homestyle Malay cooking(Rohan Jelani, Periplus)
- Homestyle Thai cooking(Chat Mingkwan, Periplus)
- Homestyle Vietnamese cooking(Nongkran Daks · Alexandra Greeley, Periplus)
- Malaysian cooking(Carol Selva Rajah, Tuttle publishing)
- Pad Thai(Sirilak Rotyan, SD BOOKS)
- Recipes from a Vietnamese Kitchen(Ghillie Basan, Aqua marine)
- Simple Thai food(Leela Punyaratabandhu, Ten speed press)
- Step by step Indonesian cooking(Jacki Pan-Passmore, Periplus)
- Step by step Thai cooking(Jacki Passmore, Periplus)
- Thai cakes and dessert(Chat Mingkwan, Periplus)
- Thai Street Food(David Thompson, Penguin Lantern)
- The Asian Kitchen(Koong Foong Ling, Periplus)
- The complete Thai cookbook(Srisamorn Kongpum, Asia books)
- The food of Malaysia(Wendy Hutton, Periplus)
- The little THAI cookbook(Oi Cheepchaissara, mudoch books)
- The Taste of Thai Cuisine(Nidda Hongwiwat, SD BOOKS)
- This is MALAYSIA(Wendy Moore · Gerald Cubitt, New Holland)
- Tropical Asian Favorites(Devagi Sanmugam, Periplus)
- True Thai(Homg Thaimee, Rizzoli USA)
- Vietnamese cooking(Nongkram Daks · Alexanra Greeley · Wendy Hutton, Periplus)
- Vietnamese Favorites(Wendy Hutton, Periplus)

저자소개

한혜영

현) 충북도립대학교 조리제빵과 교수

숙명여자대학교 전통식생활문화 석사
세종대학교 대학원 조리외식경영학전공(조리학 박사)
Lotte Hotel Seoul Chef
Intercontinental Hotel Seoul Chef
숙명여자대학교 한국음식연구원 메뉴개발팀장
대한민국 조리기능장
외식산업경영컨설턴트
호텔경영컨설턴트
외식평론가
커피바리스타
우리술조주사

성기협

현) 대림대학교 호텔조리과 교수
서울, 경기지역 조리 실기시험(일식, 복어) 감독위원
커피조리사 자격검정위원

세종대학교 호텔경영학과 졸업
세종대학교 조리외식경영학과 석・박사 졸업(조리학 박사)
신안산대학교, 김포대학교, 충청대학교, 신흥대학교,
경민대학교, 국제요리학교, 세종대학교, 한경대학교,
수원과학대학교 외래교수
전국일본요리경연대회 최우수상 수상
알래스카요리경연대회 본선 입상
홍콩국제요리대회 Black Box부문 은메달 수상
서울국제요리대회 단체전 및 개인전 금메달, 은메달, 동메달 수상
일본 동경 게이오프라자호텔 연수
서울프라자호텔 조리팀 근무

이가은

현) 동국대학교 식품생명공학과 석사 중

한상궁식문화연구원 팀장
옥천국 향토음식(정지용 밥상) 개발
커피바리스타
NCS 알기 쉬운 한식조리(공저)

저자와의
합의하에
인지첩부
생략

동남아 음식

2019년 3월 1일 초 판 1쇄 발행
2023년 1월 10일 제2판 2쇄 발행

지은이 한혜영 · 성기협 · 이가은
펴낸이 진욱상
펴낸곳 (주)백산출판사
교 정 편집부
본문디자인 신화정
표지디자인 오정은

등 록 2017년 5월 29일 제406-2017-000058호
주 소 경기도 파주시 회동길 370(백산빌딩 3층)
전 화 02-914-1621(代)
팩 스 031-955-9911
이메일 edit@ibaeksan.kr
홈페이지 www.ibaeksan.kr

ISBN 979-11-6567-056-6 13590
값 22,000원

● 파본은 구입하신 서점에서 교환해 드립니다.
● 저작권법에 의해 보호를 받는 저작물이므로 무단전재와 복제를 금합니다.
이를 위반시 5년 이하의 징역 또는 5천만원 이하의 벌금에 처하거나 이를 병과할 수 있습니다.